现代 XIANDAI

室内设计

理论与实践

SHINEI SHEJI

LILUN YU SHIJIAN

李 晓◎著

U0390724

中国戏剧出版社

图书在版编目（CIP）数据

现代室内设计理论与实践 / 李晓著. -- 北京 ：中
国戏剧出版社，2023.7
ISBN 978-7-104-05380-4

Ⅰ.①现… Ⅱ.①李… Ⅲ.①室内装饰设计－研究
Ⅳ.①TU238.2

中国国家版本馆CIP数据核字(2023)第139869号

现代室内设计理论与实践

责任编辑： 肖　楠
项目统筹： 康祎宁
责任印制： 冯志强

出版发行： 中国戏剧出版社
出 版 人： 樊国宾
社　　址： 北京市西城区天宁寺前街2号国家音乐产业基地L座
邮　　编： 100055
网　　址： www.theatrebook.cn
电　　话： 010-63385980（总编室）　010-63381560（发行部）
传　　真： 010-63381560

读者服务： 010-63381560
邮购地址： 北京市西城区天宁寺前街2号国家音乐产业基地L座

印　　刷： 三河市华晨印务有限公司
开　　本： 710mm×1000mm　1/16
印　　张： 14
字　　数： 230千字
版　　次： 2023年7月　北京第1版第1次印刷
书　　号： ISBN 978-7-104-05380-4
定　　价： 98.00元

版权专有，违者必究；如有质量问题，请与出版社联系调换。

前言

PREFACE

　　自从人类有了建筑活动，室内就是人们生活的主要场所，同时人们开始对室内环境有所要求。随着社会的进步和发展，室内环境的要求也在不断更新与丰富。室内设计的任务就是综合运用技术手段，考虑周围环境因素的作用，充分利用有利条件，积极发挥创新思维，创造一个既符合生产和生活物资功能要求，又符合人们生理、心理要求的室内环境。伴随着时代的进步和科技的发展，人们对居住环境的改善和生活质量的提高也越来越重视。因此，选择什么样的居住环境，选择什么样的家居住宅，以及如何构建、布局一套新房子，就成了一道困扰着无数追求幸福美满生活的现代人的难题。室内装饰设计是一门综合性很强的学科，涉及社会学、心理学、环境学等多种学科，还有很多东西需要我们去探索和研究。

　　本书共八章，较为系统化地对现代室内设计进行了探究，具体如下：

　　第一章为室内设计概述，分别从室内设计的一般认识、室内设计的构成要素与风格流派、室内设计的构思来源与发展趋势三个方面进行了论述。

　　第二章为室内设计追根与溯源，主要包括原始社会、奴隶社会、封建社会、近代社会、现代社会的建筑形式及装饰陈设等内容。

　　第三章为点、线、面元素与现代室内设计，主要内容有点、线、面的基本概述。从平面、立体构成角度解读点、线、面在室内设计中的应用。

　　第四章为色彩与现代室内设计，主要内容有室内设计中色彩的概述、现代室内设计中色彩的配置、色彩对室内环境的影响分析、色彩在现代室内设计中的应用。

　　第五章为光环境与现代室内设计，内容包括光与室内空间的关系、光环境的表现手法、室内照明的光环境、现代室内设计中的光环境设计——以住宅光环境设计为例。

第六章为传统云纹与现代室内设计，主要包括传统云纹概述、传统云纹在现代室内设计中的应用价值、传统云纹在现代室内设计中的表现手法、传统云纹在现代室内空间及陈设中的应用等内容。

第七章为装饰材料与现代室内设计，内容主要有装饰材料的基本概述、装饰材料在室内空间中的视觉设计、装饰材料在室内空间中的实用设计、现代室内装饰材料设计的发展趋势。

第八章为传统木雕艺术与现代室内设计，主要包括传统木雕艺术基本概述、传统室内设计中传统木雕艺术的体现、传统木雕艺术在现代室内设计中的应用等内容。

本书结构严谨、逻辑层次清晰、内容丰富，系统地阐述和分析了现代室内设计的理论及相关因素在室内设计中的应用，对现代室内设计爱好者及专业人士具有一定的借鉴和参考价值。

在本书的撰写过程中，笔者参考和借鉴了国内外大量有关现代室内设计的文献和资料，在此向其作者表示衷心的感谢！鉴于笔者的时间和水平有限，书中难免存在疏漏与不妥之处，恳请广大读者批评指正！

李　晓

2023 年 1 月

目 录

第一章　室内设计概述

第一节　室内设计的一般认识

一、设计与室内设计

（一）设计的概念

"设计"一词来源于拉丁文 designara，后演变为 design。"设计"的词义在不同时期有不同的解释，在《现代汉语词典》中作为名词解有"方案""蓝图"之意，作为动词解有预先制定方法、图样等之意。设计是按照一定的目的，在实施工作之前所预先制订的方案、图样。《实用英汉大词典》对"设计"的定义是"设计是通过行为而达到某种状态，形成某种计划"。《大不列颠百科全书》对"设计"的定义是"设计常指拟订计划的过程，又特指记在心中或者制成草图或模型的具体计划"。阿切尔在《设计者运用的系统方法》中指出："设计是一种针对目的问题的求解活动。"罗杰·斯克鲁登在《建筑美学》中认为"设计是一种复杂的、半科学性的、有功能作用的实战模式"。

以上均是不同时期、不同国家、不同机构对"设计"的解析。

综上，设计是指人类为实现一定的目的而进行的规划、设想、提出方案等创造性的活动，几乎涉及人的一切活动的所有方面。为了更确切地界定设计的范围，在设计的前面加上界定词可以明确各个不同的设计领域，如网络设计、产品设计、环境设计、服装设计等。

设计就是以视觉形式将一些计划、规划或者想象的东西进行传达。通过人类的劳动,世界上有了文明,形成了物质财富与精神财富,而在劳动过程中,造物才是主要的、基础的活动。对于造物活动而言,设计属于预先环节,也就是说,造物活动中的所有预先计划都可以被叫作设计。

(二)室内设计的概念

建筑的目的是打造一个室内空间,以供人们进行工作、生活、娱乐等活动。建筑与自然世界是不一样的,它布满了人工的痕迹。《道德经》里曾这样写道:"凿户牖以为室,当其无,有室之用。固有之以为利,无之以为用。"从这句话中可以明显看出,对于建筑设计来说,其核心问题就是室内空间的组织、围合以及利用。室内设计的目的就是基于建筑应具备的功能以及室内环境,借助美学知识,利用科技手段,打造满足人类需求的室内环境。所以,我们可以得到一个简单、完整的定义:室内设计是运用美学法则和技术手段,创造一个能同时满足人类的物质需求和精神需求的室内环境的学科。

建筑设计和室内设计相比,主要的不同之处是前者是站在建筑以及环境的整体进行考虑,是全局性的设计;而后者则是对室内这一个小的空间的把握,基于这个小空间在功能以及环境方面的需求,通过相关的艺术和装饰技术,打造出能够使人在心理和生理上都得到满足的室内环境。

室内设计的定义分为广义的定义和狭义的定义。广义的室内设计包括所有和室内环境有关系的设计行为和活动。狭义的室内设计则更为重视对室内空间进行创造性的塑形,思考如何设计才能使人对较高生活品质的需求得到满足,然后以此为依据着手进行设计。室内设计不仅仅是为个别人或者一小部分人服务,也不仅仅是简单地以居住功能为依据进行设计,其真正的意义在于实现美学价值。

二、室内设计的分类与原则

(一)室内设计的分类

目前,根据建筑物的使用功能,可以把室内设计分为居住建筑室内设计、公共建筑室内设计、工业建筑室内设计、农业建筑室内设计四类(图1-1)。

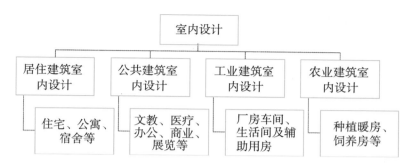

图 1-1 室内设计分类

居住建筑室内设计主要涉及住宅、公寓和宿舍的室内设计，具体包括前室、起居室、餐厅、书房、卧室、厨房、卫生间、工作室设计。

公共建筑室内设计可分为文教、医疗、办公、商业、展览、娱乐、体育、交通建筑室内设计。

文教建筑室内设计和教育场所有关，主要包括学校、幼儿园等，具体包括门厅、活动室、实验室、教室等。医疗建筑室内设计包括对疗养院、社区门诊、医院等场所的设计，具体包括门诊室、手术室、病房等。办公建筑室内设计包括对商业大厦、行政办公楼内部的会议室、报告厅等的设计。商业建筑室内设计包括对便利店、商场等的设计。展览建筑室内设计包括对美术馆、科技馆、博物馆等场所的设计，具体包括走廊、展厅等。娱乐建筑室内设计包括游戏厅、网吧、歌厅等场所的设计。体育建筑室内设计包括体育馆、游泳馆等场所的设计。交通建筑室内设计涉及的是火车站、地铁、飞机场等场所的设计，具体包括候机厅、售票厅等。

农业建筑室内设计主要涉及各类农业生产用房，如种植暖房、饲养房的室内设计。

工业建筑室内设计主要涉及各类厂房的车间、生活间及辅助用房的室内设计。

不同类别的室内环境因不同的功能而具备不同的性质，不管是设计的标准还是设计的要求都存在很多不同之处，在设计过程中一定要具体情况具体分析，从而使其各自具备符合要求的形式和功能。

（二）室内设计的原则

1. 整体性原则

在进行室内设计的过程中，要注意各个界面的整体性，使各个界面的设计能够有机联系，完整统一。坚持室内设计的整体性原则主要应注意以下两点：

（1）室内界面的整体性设计要从形体设计开始。各个界面的形体变化要在尺度、色彩上统一、协调。协调不代表各界面不需要对比，有时利用对比也可以使室内各界面总体协调，而且能达到风格上的高度统一。界面的设计元素及设计主题要协调一致，以使界面的细部设计能为室内整体风格的统一起到应有的作用。

（2）注意界面上的陈设品设计与选择。风格一致的陈设品可以为界面设计的整体性带来一定的影响，但陈设品的选择不应排斥各种风格，如不同材质、色彩、尺度的陈设品，通过设计者的艺术选择，都能在整体统一的风格中找到自己的位置。

2. 功能性原则

人们对室内空间的功能需求主要表现在两个方面，即使用上的需求和精神上的需求。理想的室内环境应该达到使用功能和精神功能的完美统一。

（1）使用功能的原则

①单体空间应具有的使用功能。其一，符合人体尺寸和人体活动规律。室内设计应符合人体尺寸，包括静态的人体尺寸和动态的肢体活动范围等。而人的体态是有差别的，所以具体设计应根据具体的人体尺寸确定，如幼儿园室内设计的主要依据就是儿童的人体尺寸。人体活动规律包括两个方面，即动态和静态的交替、个人活动与多人活动的交叉。这就要求室内空间的形式、尺寸和陈设布置符合人体活动规律，按其需要进行设计。其二，按人体活动规律划分功能区域。室内空间可划分为三类，即静态功能区、动态功能区和动静相兼功能区。根据人的行为，各种功能区又有详细的划分，如静态功能区有卧室、书房等，动态功能区有走廊、大厅等，动静相兼功能区有会客区、车站候车室、机场候机厅、生产车间等。因此，一个好的室内设计必须在功能划分上满足多种要求。

②室内空间的物理环境质量要求。室内空间的物理环境质量是对室内空间进行评价的重要标准。室内设计必须保证空气的洁净度，室内氧气含量以及换

气量也要达标。有时室内空间大小的确定也取决于这一因素，如双人卧室的最低面积标准的确定，不仅要根据人体尺度和家具布置所需的最小空间来确定，还要考虑在两个人睡眠 8 小时室内不换气的状态下所需氧气量的空气最小体积值。在具体设计中，应首先考虑室内与室外直接换气，即自然通风，如果不能满足这一要求时，则应加设机械通风系统。另外，空气的湿度、风速也是影响空气舒适度的重要因素。此外，室内设计还应避免出现对人体有害的气体与物质，如一些装修材料中的苯、甲醛、氡等有害物质。

人的生存需要相对恒定的适宜温度，不同的人和不同的活动方式有不同的温度要求，如老年人的住所需要的温度就稍微高一些，年轻人的则低一些；以静态行为为主的卧室需要的温度就稍微高一些，而体育馆等空间需要的温度则低一些，这些都需要在设计中加以考虑。

没有光的世界是一片漆黑的，但它适于睡眠；而日常生活和工作则需要一定的光照度。白天可以通过自然采光来满足这一需求，夜晚或自然采光达不到要求时则需要创造人工光环境。

在特定的强度以及频率范围内，人对声音是具备一定敏感度的，同时人对于声音的强度和频率也有适合自己需求的舒适范围。不同的空间对声音效果的要求也不同，空间的大小、形式、界面材质、家具及人群本身都会对声音环境产生影响，所以，在具体的室内设计中应考虑多方面的因素以形成理想的声环境。

随着科技的发展，人们不得不对电磁污染问题予以重视，对于一些磁场较强的区域采取合理措施，从而为人体健康提供保障。

③室内空间的安全性要求。安全是人类生存的第一需求，室内设计首先应强调结构设计和构造设计的稳固、耐用；其次应注意应对各种意外灾害，如火灾，在室内设计中应特别注意划分防火防烟区、选择室内耐火材料、设置人员疏散路线和消防设施等，同时充分考虑防震、防洪等措施。

（2）精神功能的原则

①具有美感。空间在用途以及性质上的不同能为人带来多种感受，要想实现预设的目标，首先就要抓住室内空间特点，如空间的比例、尺度是否合理，能否满足形式美的要求；其次要注意室内色彩关系和光影效果。此外，在选择、布置室内陈设品时，要做到陈设有序、体量适度、配置得体、色彩协调、品种集中，力求做到有主有次、有聚有分、层次鲜明。

②具有性格。基于在设计的内容以及功能方面的需求，空间环境应具备自身独特的"性格"特征，也就是我们常说的"个性"，如大型宴会厅比较宽敞、华丽、典雅，小型餐厅比较小巧、亲切、雅致。当然，空间的"性格"还与设计师的个性有关，与特定的时代特征、意识形态、宗教信仰、文学艺术、民情风俗等因素有关，如北京明清住宅的堂屋布置对称、严整，给人以宗法社会封建礼教严格约束的感觉；哥特教堂的室内空间冷峻、深邃、变幻莫测，具有强烈的宗教氛围与特征。

③具有意境。室内意境是室内环境中某种构思、意图和主题的集中表现，它是室内设计精神功能的高度概括。例如，北京故宫太和殿的中间高台上放置金黄色雕龙画凤的宝座，宝座后面竖立着鎏金镶银的大屏风，宝座前陈设铜炉和铜鹤，整个宫殿内部雕梁画栋、金碧辉煌、华贵无比，显示出皇帝的权力和威严。

联想是表达室内设计意境的常用手法，这种方法可以影响人的情感和思绪。设计者应力求使室内设计有引人联想的地方，给人以启示，增强室内环境的艺术感染力。

3. 形式美原则

（1）稳定与均衡

自然界中的很多事物都具备稳定与均衡的条件，受这种实践经验的影响，人们在美学上也追求稳定与均衡的效果。这一原则运用于室内设计中，常涉及室内设计中的上、下之间轻重关系的处理。在传统观念中，上轻下重、上小下大的布置形式是达到稳定效果的常见方法。在室内设计中，一种称为"不对称的动态均衡"的手法也较为常见，即通过左右、前后等方面的综合思考达到均衡的方法，这种方法往往能取得活泼自由的效果。

（2）韵律与节奏

在室内设计中，韵律的表现形式很多，常见的有以下几种：

连续韵律是指将一种或几种要素连续重复排列，各要素之间保持恒定的关系与距离，可以无休止地连绵延长。例如，希尔顿酒店通过连续韵律的灯具排列和地面纹路，营造出一种热带海洋的气氛。

渐变韵律是指使连续重复的要素按照一定的秩序或规律逐渐变化。

交错韵律是指把连续重复的要素相互交织、穿插，从而产生一种忽隐忽现的效果。

起伏韵律是指将渐变韵律按一定的规律时而增加，时而减小，有如波浪起伏或者具有不规则的节奏感。这种韵律通常比较活泼且富有运动感。例如，旋转楼梯通过混凝土可塑性形成的起伏韵律颇有动感。

（3）对比与微差

对比是指要素之间的显著差异，微差则是指要素之间的微小差异。两者之间的界限很难确定，不能用简单的公式加以说明。就如数轴上的一列数，当它们从小到大排列时，相邻者之间由于变化甚微表现出一种微差的关系，但这列数亦具有连续性。

对比与微差在室内设计中的应用十分常见，二者同等重要，都是不可或缺的设计技法。前者能够通过二者间的烘托突出自身特点，后者则是借助共同性以实现和谐性。室内设计中还有一种情况也能归于对比与微差的范畴，即利用同一几何母题，对比与微差虽然大小不同，具有不同的质感，但由于具有相同母题，所以一般情况下仍能达到有机统一。

（4）重点与一般

在室内设计中，重点与一般的关系很常见，表现在运用轴线、体量、对称等手法达到主次分明的效果。例如苏州网师园万卷堂内景，大厅采用对称的手法突出了墙面画轴、对联及艺术陈设，使之成为该厅堂的重点装饰。

4.技术经济与功能、美学相结合原则

（1）技术经济与功能相结合

室内设计是为了使人拥有一个舒适的生存和活动场所，这个场所的物理环境以及空间形式要满足人们的需求。要想实现这一点，就离不开经济与技术手段的支持。

室内空间的大小形状需要相应的材料和结构技术手段来支持。纵观建筑发展史，新技术、新材料、新结构的出现为空间形式的发展开辟了新的可能性。新技术、新材料、新结构不仅满足了空间功能发展的新要求，而且使建筑面貌焕然一新，同时促使其功能朝着更新、更复杂的方向发展，然后对空间形式提出更高的要求。所以，没有技术、材料和结构，就无法顺利开展空间设计，材料、技术等为建筑的发展提供了方向和保证。

人们的生活、工作大部分都在室内进行，所以室内空间应该具有比室外更舒适、更健康的物理性能。古代建筑只能满足人对室内环境的最基本的要求；后来的建筑虽然在围护结构和室内空间组织上有所进步，但依然被动地受自然环境和气候条件的影响；当代建筑技术有了突飞猛进的发展，噪声控制、采光照明、暖通空调、保温防潮、建筑节能、防火技术等都有了长足的进步，这些技术和设备使人们的生活环境越来越舒适，受自然条件的限制越来越少，使人们获得了理想、舒适的室内环境。

（2）技术经济与美学相结合

技术变革和经济发展造就了不同的艺术表现形式，同时改变了人们的审美价值观，人们的设计和创作观念也随之发生了变化。早期的技术美学倡导一种崇尚技术、欣赏机械美的审美观，而采用了新材料、新技术的伦敦水晶宫和巴黎埃菲尔铁塔打破了从传统美学角度塑造建筑形象的常规做法，给人们的审美观念带来了强烈的冲击，逐渐形成了注重技术表现的审美观。

高技派建筑进一步利用了材料和结构的性能，以及相关的构造技术，强调技术对启发设计构思的重要作用，将技术升华为艺术，并使之成为一种富于时代感的造型表现手段，如法国里昂的 TGV 车站（图 1-2）就是注重技术表现的实例。

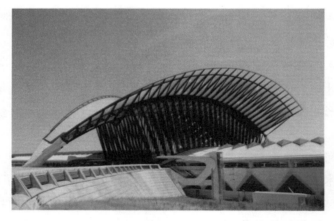

图 1-2　法国里昂的 TGV 车站

5. 生态与可持续原则

当代社会严峻的生态问题，迫使人们开始重新审视人与自然的关系和自身的生存方式。建筑界开始了生态建筑的理论研究与实践，希望以"绿色、生态、可持续"为目标，发展生态建筑，减少对自然的破坏，因此"生态与可持续原则"成为建筑和室内设计评价中一条非常重要的原则。室内设计中的生态与可持续原则一般涉及如下内容。

（1）自然健康

人的健康需要阳光，人的生活、工作也需要适宜的光照度，如果自然光不足则需要补充人工照明。室内采光设计不合理不但会影响人们的身体健康、生活质量和内部空间的美感，还可能造成能源浪费。

新鲜的空气是人体健康的必要保证，室内微环境的舒适度在很大程度上依赖室内温度、湿度以及空气洁净度、空气流动情况。50% 以上的室内环境质量问题是由缺少充分的通风引起的。自然通风可以通过非机械的手段来调节空气流速及空气交换量，是净化室内空气、消除室内余湿、余热最经济、最有效的手段。

自然因素的引入是实现室内空间生态化的有力手段，也是组织现代室内空间的重要元素，有助于提高空间的环境质量，满足人们的生理和心理需求。

（2）可再生能源的充分利用

可再生能源包括太阳能、风能、水能、地热能等，人们生活中经常涉及的有太阳能和地热能。

太阳能是一种取之不尽、用之不竭、没有污染的可再生能源。对太阳能的利用，首先表现为通过朝阳面的窗户使室内空间变暖；其次表现为通过集热器以热量的形式收集能量，如太阳能热水器；最后表现为太阳能光电系统，它把太阳光转化为电能，再用电池储存，进而用于室内的能量补给，这种方式在发达国家运用较多，形式也丰富多彩，包括太阳能光电玻璃、太阳能瓦、太阳能小品景观等。

利用地热能也是一种比较新的能源利用方式，该技术可以充分发挥浅层地表的储能储热作用，通过利用地层的自身特点实现与建筑物的能量交换，达到环保、节能的双重功效，被誉为"21 世纪最有效的空调技术"。

（3）高新技术的适当利用

随着科技的进步，将高、精、尖技术用于建筑和室内设计领域是必然趋势。现代计算机技术、信息技术、生物科学技术、材料合成技术、资源替代技术、建筑构造技术等高科技手段已经被运用到各种设计领域，设计师希望以此达到降低建筑能耗、减少建筑对自然环境的破坏、维持生态平衡的目标。在室内设计中，应该根据实际情况，充分考虑经济条件和承受能力，综合多方面因素，采用合适的技术，力争取得最佳的整体效益。

三、室内设计的内容与表现技法

（一）室内设计的内容

1.室内空间组织和界面设计

室内设计首先需要充分把握建筑内部的布局、功能、结构等，然后针对室内的空间及布置进行合理化的调整与创造。随着现代化生活步伐的不断加快，室内空间功能变化的频率逐渐增加，需要进行多次的调整和重新组织，这在多种建筑的更新改造项目中屡见不鲜。改造或更新室内空间组织和平面布置当然也离不开对室内空间各界面围合方式的设计。

室内界面设计是指对室内的地面、墙面、隔断等围合面进行色彩、图案、造型等方面的设计，还包括对连接界面的构件、水电线路等设施的设计。室内界面设计会对室内整体效果产生直接影响。在界面设计过程中，要基于物质与精神方面的要求，同时考虑到主观感受以及客观环境因素，从而使人感到身心舒畅。

需要注意的是，在进行室内界面设计时，做"加法"不一定能获得好的效果。对于有的项目来说，要从建筑物的功能特点、使用性质等方面予以考虑。比如清水砖墙、混凝土墙体等，在呈现的时候完全可以不加任何修饰，保留最朴实、最原始的样子，这也是界面设计的一种不错的方法，也体现了现代化的室内设计与室内装饰在设计思路上的区别。

2.室内光照、色彩设计和材质的选用

光是人类生活中不可缺少的重要元素，人类要想获得视觉感受，就必须有光提供前提条件。对于室内设计而言，光照主要指的是室内环境中天然以及人工的采光。光照不仅可以满足人在工作和生活中对光照的需求，还能对人的生理以及心理产生很大的影响，光照以及光影的效果对室内氛围的营造具有重要作用。

色彩是室内设计中最为活跃、生动的元素，也是光照呈现的直接结果。人们对于室内环境的第一感受，往往都是室内的色彩带来的，色彩的表现力是不可忽视的。人们通过眼睛来感知色彩，然后在心理以及生理上产生反应，从而形成丰富的联想和想象。此外，色彩的呈现需要借助实物，如家具、绿化、界

面等。在进行室内色彩设计时，要根据多种因素对室内的色调加以调节，如人的喜好、居室使用功能、所需氛围等，然后进行合理的色彩配置。

材质的选用是直接关系到室内设计实用效果和经济效益的重要环节，巧妙用材是室内设计中的一大学问。饰面材料的选用应该注意同时满足使用功能和人们的身心感受这两方面的要求。例如，坚硬、平整的花岗石地面，自然、亲切的木质面材，光滑、精巧的镜面以及轻柔、细软的室内纺织品等不同材质会给人带来不同的感受。室内设计中的形、色最终都由材质这一载体来体现。在光照下，室内的形、色、质融为一体，赋予了人们综合的视觉和心理感受。

3.室内内含物（家具、灯具、陈设、织物、绿化等）的设计和选用

家具、灯具、陈设、织物、绿化等内含物可以相对独立地脱离室内界面而布置于室内环境空间中。它们通常处于人们视觉的中心位置，容易吸引人的注意；家具还直接与人体接触，被人近距离感受。在室内环境中，它们的实用和观赏价值都非常突出。不仅如此，家具、灯具、陈设、织物、绿化等还对烘托室内环境气氛、形成室内设计风格等具有举足轻重的作用。

特别值得一提的是，如今在现代室内设计中，室内绿化得到了人们的广泛重视，其作用是不可替代的。室内绿化不仅可以使室内空气得到一定的改善，而且对粉尘具有一定的吸附作用。另外，室内绿化给室内环境增添了自然气息，柔化了室内的人工环境，使室内环境显得生机勃勃，令人赏心悦目。此外，现代生活节奏比较快，合理的室内绿化还能对人们的心理平衡起到很好的调节作用。

室内内含物的布置应根据室内环境特点、功能需求、审美要求等因素精心选择、巧妙配置，以创造出高品位、高舒适度、高艺术境界的室内环境。

除了以上所列的三方面内容，现代室内设计与另外一些学科和工程技术因素的关系也极为密切，如人体工程学、环境物理学、环境心理和行为学、建筑美学、材料学等学科，以及结构构造、室内设备设施、施工工艺、质量检测以及计算机辅助设计等工程技术因素。

（二）室内设计的表现技法

1.室内设计手绘表现技法

（1）钢笔画表现

钢笔画是运用钢笔绘制的单色画。钢笔画工具简单、携带方便。钢笔线条

有直线、曲线、长线、短线等各种样式，它们都具有各种的特点，而且带有独特的情感色彩。比如，直线会给人刚硬的感觉，曲线则相对柔美一些。

（2）彩色铅笔表现

彩色铅笔的笔触是比较特殊的，可以徒手进行勾画，也可以利用尺子进行排线，在绘制的过程中更加强调对虚实的处理以及线条的美感，从而在轻快的笔触下勾勒出美丽的线条。

彩色铅笔携带方便、色彩丰富，表现手段快速、简洁，可大致分为两种类型：一种是水溶性彩色铅笔，另一种是蜡质彩色铅笔。其中，前者比较常见，其特点是可以溶于水，从而表现出浸润感；还可以利用手指进行擦抹，从而呈现出柔和的效果。

（3）马克笔表现

马克笔是现在比较流行的一种表现形式，具有快捷、色彩鲜明、直观等特点。马克笔的表现方法主要是通过叠加各种色彩的线条以实现色彩变化的效果。利用马克笔画出的线条是不容易被修改的，在绘制的过程中一定要对线条绘制的顺序多加注意，通常都是由浅到深进行绘制。马克笔的笔头是用毡制作而成的，其笔触效果极具特色，因此在绘制的时候应充分利用其笔触的特点。绘制纸张的吸水性对于最终呈现效果也有影响：如果是不吸水的光面纸，所绘制的色彩就会互相融合，呈现出的颜色丰富多彩、五颜六色；而如果是毛面的纸，所呈现的色彩就是沉稳的。在使用马克笔的时候可以根据想要的效果进行纸张的选择。

（4）喷绘表现

喷绘是利用空气压缩机把有色颜料喷到画面上的一种作画方法。它运用现代化的艺术表现手段，具有色彩颗粒细腻柔和、光线处理变化微妙、材质表现生动逼真等特点。通过喷点、线、面的练习，可以掌握均匀喷和渐变喷等技法，以及对喷量、距离和速度均匀变化的控制。在实际操作中为了喷出所需要的图形，常采用模板遮挡技术，常用的模板一般有纸、胶片、遮挡模板等。纸获取方便、容易制作，但不能反复使用。胶片材料透明、容易制作、不吸水、不变形，可反复使用。遮挡模板的遮挡效果较好。

（5）水彩表现

水彩具有透明、淡雅细腻、色调明快的特点，色彩渲染层次丰富，笔触接近自然。水彩表现最重要的是水量的控制和对时间的把握。作图时要先计划留白的地方，按照由浅入深、由薄到厚的方法上色；先湿画后干画，先虚后实，使色彩叠加、层次丰富。但色彩叠加的次数不宜过多，否则将失去透明感、润泽感。

（6）水粉表现

水粉具有很强的表现力，其颜色饱满且浓重，覆盖能力极强，颜料的多涂和少涂、干涂和湿涂等都会对所呈现的效果产生很大影响，适用于多种室内设计需求。由水粉绘制而成的效果图具有很强的技巧性，干湿度变化非常大，湿度高，颜色就深，湿度低，颜色就浅，如果掌握得不好，就很可能出现怯、粉、生的问题。

2.室内设计计算机表现技法

室内设计计算机表现技法是室内设计师常用的设计表现手段之一，是以计算机三维设计软件及图像处理软件为基础的计算机表现形式。其通过 3ds MAX、Photoshop、AutoCAD、Lightscape 等专业设计软件进行室内平面图、立面图、施工详图及透视图等的绘制，力求达到真实的效果，具有高度清晰、仿真、精细的优点，是设计相关行业使用比较广泛、快捷、业主易接受的有效的表达方式。

第二节　室内设计的构成要素与风格流派

一、室内设计的构成要素

（一）室内设计的内容要素

1.室内设计的功能要素

（1）室内环境的使用功能

室内环境使用功能要素指的是可以使人的生理需求得到满足且符合建筑空间结构的要素，如空间的大小、防撞、消防安全等都属于这一类要素，也包括供电供水、采光、隔音等物理环境要素。这些要素对于室内空间的性质具有决定性作用，同时对于空间的大小来说也属于主要的因素。

随着现代工业化及信息化的发展，新的室内设施和设计技术层出不穷，人们对于室内空间在使用功能上有了更多、更精细的要求，室内空间的功能慢慢

13

变得复杂化，其重要性也有所提升。在室内设计中，要考虑到业主的经济情况，以控制居室维修、保养方面的支出，还要考虑到如果业主的生活需求发生了变化，其是否在改造上具备一定的灵活性。

（2）室内环境的审美功能

室内环境的审美功能指的是室内环境使人的精神生活需求得到满足的功能。也就是说，在使人的物质方面的需求得到满足的基础上基于人内心的需求，通过处理和塑造空间的形式与形象，使人获得美的享受，从精神上得到满足。室内环境的审美功能也可以说是人对空间形象产生感知的要素。

在特定因素的作用下，室内空间物质会形成特定的形式。比如，界面围合的样式、色彩、亮度、材料、陈设物等一起组合成了空间总体形象。

审美要素不但是形象感知的要素，也是形式构成的要求和创造要素。审美功能的要求决定室内设计的形式。审美心理需要一方面可以通过对人们行为模式的分析加以了解，另一方面则表现在如人们的个性、社会地位、职业、文化教育等方面以及人们对个人理想目标的不同层次和特点的追求上。根据这些行为模式、层次和特点，创造出具有审美功能的室内环境形式，是室内设计追求的最高目标。

2.室内设计的实质要素

（1）室内设计的主题与风格

室内设计的主题需要设计的内容必须具有一定的意义。笼统地说，主题也叫立意。设计的主题是设计吸引人和打动人的地方，因此是设计的一个关键因素，且往往和风格有关。

风格也就是风度和品格，是艺术特色和个性的反映。它展示了设计形式的特性，是设计师将多种设计因素集合成视觉形象的手段。对于室内设计而言，其风格通常是与建筑风格甚至家具摆设风格息息相关的，有时也会与相应年代的艺术风格和流派相互影响，如绘画艺术、造型艺术，文学流派、音乐流派等。虽然风格是依赖形式得以呈现的，但是风格在文化及社会发展等方面都具有一定的内涵，从这一角度而言，风格和形式是等同的。在历史、地理、文化等因素的影响下，风格变得更加丰富，同时反映出时代精神与文化特色。在各种地域特色和时代思潮的影响下，经过构思和创作，慢慢形成了各种典型的室内设计形式。

（2）室内设计的空间与构造

室内设计的空间与构造指的是在建筑的大小、高矮、界面限定下围成的形状以及群体空间的关系等。目前的建筑构造依然受到材料、经济投入、技术手段等因素的约束，因此进行室内设计时要着重考虑构造对空间造型的影响。首先，空间构造构成了室内空间的本体，是其功能的基本组成内容，如果室内空间没有建筑构造的限定，就谈不上室内设计了。其次，室内形态直接取决于建筑构造。地面、墙面、屋顶、梁柱是室内空间限定的基础，也是在一般情况下无法改变的要素。再次，楼面的厚度、梁柱的高度等对室内空间具有一定的制约作用。最后，室内空间设施、管道位置、尺寸和铺设要求等对室内空间有着直接影响。这些限定条件深刻地影响着室内空间视觉形象的表现。所以，在空间与构造的条件要素的影响下，要对内部空间进行整体处理，基于建筑设计对室内空间的限定，对人与空间的尺度比例进行合理调整。在此过程中，空间实物间是否具有合理的尺度比例对于室内设计的成败具有决定性作用。

（3）室内设计的尺度与比例

室内设计尺度是以室内空间中人体尺寸为模板的行为尺度和心理尺度体系。这个体系以满足功能需求为基本准则，同时影响着内部空间中人的审美标准。

第一，该体系主要在空间功能设计上有所体现。在界面的限制下，人的活动会受到一定的制约，从而对尺度产生较高的敏锐度，形成度量体系。所以，室内设计尺度体系表现的是界面围合、室内家具、陈设物的大小、高低等多个方面的尺度。室内空间的尺度与比例和陈设物的摆放、功能实体的距离、屋顶材料的组合等是息息相关的。第二，空间功能会受到尺度关系的影响，有些具有引导性的参照物会使人们对尺度产生不同的感受。从视觉形象概念角度讲，尺度比例的合适与否是空间形象好坏的重要前提。室内空间形象是空间形态通过人的感觉器官作用于大脑的反映结果。同时，平面布局中功能实体的合理距离、墙面及顶棚装修材料的组合、装饰及陈设用品的悬挂与摆放都与尺度和比例有着密切的关系。

室内设计的尺度要求设计活动不能离开基本需要、行为需要、心理需要的尺度和美学尺度。这是艺术设计区别于纯艺术的标志。尺度体系不但是室内设计功能的组成部分，也是室内设计审美系统的主要组成部分。比例是部分与部分或部分与整体的数比关系。人体的比例是我们常用的基准尺度，我们以它来决定相关形与物的大小。适当的比例能给人以美感。

（4）室内设计的时间和地点

室内设计的时间和地点是紧密联系的，任何时候，室内设计活动都不能离开时间和地点来谈设计形象。

室内设计的时间具有两个重要意义：第一，其主要指的是包含时空的思维表现艺术，强调其与室内空间是不可分割的。人始终在空间里活动，不同的时间以及运动视线会带给人不一样的视觉感受，然后形成各种视觉形象。从另一个角度讲，室内设计和施工时间是不受限制的，质量保证、经济投入等都和室内设计时间是相互联系的。第二，人们对室内设计的需求会随着时间的变化而变化，同时室内设计会在发展过程中呈现出多种创新性特征，而这些特征也会随着时间的变化发生周期性变化，从而慢慢形成设计循环。因此，我们不仅要了解室内设计的需求，还要具备一定的周期意识。

在室内设计中，对于时间的条件要素的认识与把握同样非常关键。在实际生活中，我们必须对室内设计变化周期、材料老化等问题予以重视。

室内设计的地点是指室内环境条件，如景观、视线、日照、通风等，它们是人居环境指标数值要求的一部分。良好的环境指数对室内设计的空间品质有相当重要的影响，而安全、交通、使用便利等其他条件也都是人居环境指标数值条件。另外，设计时还要考虑未来的施工环境，如材料运输所需的道路条件等。

3. 室内设计的关联要素

（1）室内设计与美学

美学是关于审美原理和审美创造研究的人文社会科学。如果按人的感觉和感受来区分审美的话，以视觉形态为主的审美艺术称为视觉造型艺术，简称造型艺术或视觉艺术，它是以形状作为语言媒介的审美构成元素，是审美形态规则及方法的形态创造。从形态创造和审美的角度来看，室内设计事实上也是视觉造型艺术的审美形态创造。

设计审美创造活动是一种有意识的、有目的的创造行为，它不仅要运用特定的技术与工艺，还要依靠富有创造力的艺术来进行处理与表现。因此，室内设计审美创造活动既包含使用功能的合理性，又包含使用者心理反应的习惯性，同时包括对前述两者所构成的关系的适应性，具有造型艺术可变性和使用性质相对不可变的特征。

（2）室内设计与材料学

材料学是关于材料的特性和材料应用研究的科学。材料是由不同的物质结构组成的，具有不同的物理或化学特性。材料分为自然材料和人工材料，自然材料因自然生成，有着各种美丽的图案和色彩；而人工材料在保持自然材料某些特性的基础上，弥补了自然材料的不足。就材料与人的关系而言，材料还具有生理和审美特性。材料的质地、色彩和肌理会对人的生理和心理产生直接影响。

室内设计是通过材料及施工把设计变为现实的艺术。材料为我们设计不同的室内环境空间、表现不同的审美情趣创造了条件。因此，在室内设计中，我们必须认识并了解各种材料的特征与性质，掌握和了解相应的施工技术要求。

（3）室内设计与色彩学

色彩学是探讨色彩的产生、构成与应用的理论与实践的科学。在人的感觉系统中，视觉对形状的感受往往是第一位的。而在一定的视觉范围之内，人的视觉对色彩的感知往往超过了对物体形状的认识。色彩既有物理特性，也有生理和心理特性；而在实际生活中，色彩的审美特性起着重要的作用。由于地区和文化背景不同，人们对色彩的理解和感受也不同。

色彩的配置与应用是室内设计的一个重要环节，空间物象的色彩应用，对人的视觉与心理都会产生直接的影响，同时关系到室内设计的品质。

设计形态的创造最终表现为一定的视觉造型，而色彩则是视觉造型的基本要素之一，而且是比较经济和有效的要素。

（4）室内设计与光学

光学是关于光的特性和应用的学科。光同样具有物理特性、生理特性和审美特性。

光是沿着直线传播的电磁波，又称光线。光是由光源、光度、视度等光的要素构成的。光也有自然光和人工光之分，不同的光会使人产生不同的心理反应。

（5）室内设计与人体工程学

人体工程学研究的内容是人体尺寸和工程环境的关系，具体涉及人体静态需求、动态需求、生理需求以及心理需求的相关尺度。不管是设计室内环境还是室外环境，设计的核心始终是围绕着人体需求展开的。

人的室内活动具有多种形态，室内环境设计正是基于人体工程学，结合人的行为、心理感受等因素进行的。因此，室内设计一定要结合人的行为规律、心理感受等多种因素展开。

（6）室内设计与环境心理学

环境心理学是从心理学的角度，探讨人与环境的关系，以及研究怎样的环境是最符合人们的愿望的。它着重强调人们对环境的主观感受以及由此产生的行为反应。

环境心理学认为，人类的活动既具有群体性特征，也具有个体性特征，不同的种族、性别、年龄之间也存在着差异。这就要求我们考虑人在室内空间中的感觉，以及空间中的各种关系，如个人空间与社会空间、个体距离与社会距离等的关系，同时把它们作为设计要素予以深入考虑。

（二）室内设计的形式要素

1.室内设计的语言要素

不同元素与不同的组织结构是一种形式有别于其他视觉形象的形态特征。视觉造型艺术是以形状作为语言媒介的审美形态创造。就概念本身来说，形式语言媒介有点、线、面、体等，它们是视觉造型的基本元素，也称概念元素。同时，形状表现为方形、圆形、三角形与多边形等。与形状要素紧密相关的还有实物的材、色、光等，它们与设计内容的结合构成了不同特点的设计形态。

设计的形态最终必须体现为一定的实物，体现为包括质和量的带有具体色彩的材料。在室内设计形态中，概念元素表现为一定的具象形体。例如，建筑元素的地面、墙面、天花、门、窗等构成了室内的虚空体和面，而家具则以体的形象出现，柱既是体也是线，界面的边缘是线，界面与界面的交界也是线，灯及装饰物与面相比形成点……这些实物形态，构成了室内设计形式的基本元素。同时，形体都是以一定的材料来表现的，设计的形态创造也是以色彩来表现的。色彩既是视觉造型的基本要素之一，也是比较有效和经济的要素，而光源、视度、光度、光量等光的要素是帮助创造知觉空间的重要和必需的标志物。

2.室内设计的组织要素

室内设计的组织要素即形式美的关系要素。它一方面反映了人类在长期的实践活动中对内容与形式完美结合的理想追求，另一方面也是一系列具有理性思维，数学逻辑、视觉心理与审美意识相结合的组织和秩序，以及使室内设计元素协调统一的审美原则。简单地说，它是设计形态审美认识和审美创造的基本规律、法则和手段。

3.室内设计的观念要素

设计中单纯理性的视觉形态往往缺乏文化底蕴，缺乏长久的吸引力，因此必须具有一定的观念。室内设计的观念要素是指室内设计的主题和立意，往往表现为不同的从基本功能要求到精神要求的形式和层次。因此，观念要素是室内形象和"性格"的关键要素，决定着室内设计的格调。

二、室内设计的风格流派

（一）室内设计的风格

1.古典风格

古典风格泛指人类在进入工业革命前的传统装饰风格，按照地域可以分为西方古典风格和东方古典风格。西方古典风格主要有古希腊风格、古罗马风格、哥特式风格、文艺复兴风格、巴洛克风格、洛可可风格、新古典主义风格等。东方古典风格可分为中国古典风格、日本古典风格、印度古典风格等。古典风格常给人们以历史延续和地域文化方面的感受，使室内环境突出民族文化渊源的形象特征。传统风格的室内设计，在室内布置、线形、色调以及家具、陈设的造型等方面吸取了传统装饰"形""神"的特征。

（1）西方古典风格

①古希腊风格。古希腊创造了辉煌的建筑文明，其留下的雅典卫城遗址为我们提供了诸多可借鉴的室内设计样式，其中有三种经典的柱式设计。第一种是多立克式，其柱身上细下粗，上端直径为下端直径的4/5，柱面刻有16～21条槽纹，槽间形成锐角，柱底无柱脚，直接立于台座之上，柱顶有柱头。第二种是爱奥尼克式，其柱身比例与多立克式相同，但是其高度增加至下端直径的九倍，呈细长形态。柱头上端接螺纹装饰，中间嵌珠串装饰，柱底置于柱脚之上，整个柱型有一种端庄、华美之感。第三种是科林斯式，其柱身造型大致与爱奥尼克式相同，但柱头装饰繁复，像一个精美的花篮。

②古罗马风格。古罗马风格以豪华、壮丽为特色，其中券柱式造型是古罗马人的创造，两柱之间是一个券洞，形成一种券与柱大胆结合极富趣味的装饰性柱式，成为西方室内装饰的鲜明特征。广为流行和使用的有罗马多立克式、

罗马塔斯干式、罗马爱奥尼克式、罗马科林斯式及其发展形成的罗马混合柱式。古罗马风格曾经风靡一时，至今还被广泛应用于家庭装饰中。

③哥特式风格。哥特式风格是在继承古罗马风格的基础上形成的，其最基础的元素是直升的线形、空间上富有特色的推移以及升腾的动势；在窗户上喜欢用蓝色、红色等彩色的玻璃进行装饰，从而实现十二色的综合运用，呈现出富丽堂皇、流光溢彩的效果。在哥特式建筑中，彩色玻璃可以说是其富有代表性的一大特色，也会被运用在家装吊顶中，以打造美轮美奂的意境（图1-3）。

图1-3　哥特式建筑中的彩色玻璃

④文艺复兴风格。文艺复兴风格是在哥特式风格之后出现的又一主要的装饰风格。它以文艺复兴思潮为理论基础，从造型上可以看出，其追求的是古罗马时期的建筑风格，和追求神权至上的哥特式风格是完全不同的，尤其是其古典柱式比例、穹隆式的建筑形体等。基于对中世纪神权至上的批判和对人道主义的肯定，设计师希望借助古典柱式比例来重新塑造理想中古典社会的秩序，所以一般而言文艺复兴的建筑是讲究秩序和比例的，拥有严谨的立面和平面构图以及从古典建筑中继承的柱式系统。文艺复兴风格代表作有意大利佛罗伦萨美第奇府邸、维琴察圆厅别墅和法国枫丹白露宫（图1-4）等。

图1-4 法国枫丹白露宫

⑤巴洛克风格。巴洛克风格是在文艺复兴思潮过后出现的。巴洛克英文写作Baroque，其含义是珍珠。巴洛克风格所追求的是不规整、扭曲的建筑特色。该建筑风格以雄伟华丽、奇特怪异为基调，给人一种深深的世俗享乐的感受。其主要特征有以下四点：

第一，炫耀金钱。巴洛克风格的设计经常使用很多贵重的材料，然后通过刻意的精细加工和装饰彰显其高贵感，以达到炫耀财富的目的。第二，不会被任何结构逻辑限制。这种风格经常会使用非理性的方法进行组合设计，从而产生奇异的效果。第三，富有欢乐氛围。随着人性的解放，文艺复兴时期的艺术具有了一种欢乐的色彩，并逐渐走上了享乐至上的道路。第四，标新立异，追求新奇。这是巴洛克风格最显著的特征。该风格采用以椭圆形为基础的S形、波浪形的平面和立面，使建筑形象产生动态感；或者把建筑和雕刻相融合，以追求新奇感；或者用高低错落及形式构件之间的某种不协调引起刺激感。其代表作有巴洛克建筑大师波洛米尼设计的圣卡罗教堂（图1-5）、意大利罗马的特莱维喷泉。

图 1-5　圣卡罗教堂

⑥洛可可风格。Rococo 一词是从法语 Rocaille（花园石贝装饰物，状似贝壳的装饰）一词转变而来的，因 1699 年建筑师与装饰艺术家马尔列在金氏公寓的装饰设计中大量采用了曲线形的贝壳纹样而成名，又称为烦琐派，是 18 世纪欧洲宫廷中非常流行的一种装饰风格，具有注重装饰、复杂烦琐的特点。该建筑风格在室内装饰中雕梁画栋，使用很多珍贵金属，选择轻薄、纤细的家具以达到精美装饰的目的。对于石质建筑来说，其装饰风格主要通过复杂、跳动的线条来实现，将石材、木材等多种材质的材料拼凑在一起，从而呈现出华丽的舍内形象，以彰显当时皇权贵族等人群的身份和地位。

⑦新古典主义风格。该设计风格讲究从简到繁、从整体到局部的设计，通过精细的雕琢和镶嵌给人一种细致、精美的感受。其一方面在材质、色彩方面保留了以往的风格，从而通过历史痕迹使人感受到浓厚的文化底蕴，另一方面抛弃了以往过于注重复杂肌理的设计，对线条进行了合理的简化。壁炉、水晶灯、罗马古柱等都是这一设计风格中典型的装饰形象。其主要特征表现为具备古典美的曲线与曲面，简化了古典的雕花工艺，取而代之的是富有现代感的线条。

（2）东方古典风格

①中国古典风格。该风格主要通过明代和清代的具有古典美的家具和以红色和黑色为主的装饰来体现。室内的布局通常是对称式的，造型简朴、色彩浓重，给人一种高雅、沉稳之感。中国传统室内陈设多选择牌匾、瓷器、屏风、字画等，以彰显主人追求的崇高的艺术境界。中国传统室内装饰最大的特点就是对称的总体布局，在细节之处会以花草、虫鱼等事物进行形象的雕琢与刻

画，充分展现了其所追求的传统的美学境界。

当代室内设计中的中国风，并非完全意义上的对明清室内装饰风格的复古，而是通过中国古典室内装饰风格的特征，表达对清雅含蓄、端庄丰华的东方式精神境界的追求。还有一些设计利用了后现代手法，把传统的结构形式通过重新设计组合以另一种具有民族特色的标志符号呈现出来。

②日本古典风格。日本古典风格也叫作和风，其在设计师群体中是非常流行的。这种风格之所以能广受人们的喜爱，主要是因为其属于传统风格中比较具有现代感的，其室内构成形式和设计手法都十分符合现代的美学原则。

日本古典风格追求的主要是安逸、闲适的生活态度，因此摒弃了曲线，多采用清晰的线条，突出几何感，并呈现出简洁的空间造型。多功能性是日式居室的最大特点，白天在室内放置书桌，屋子就变成了一个书房，将书桌收起来再铺上被褥，屋子就变成了卧室。另外，日式居室的墙面、地面的材质、涂料以及窗纸等也会尽可能使用天然的材料，门框、窗框、灯具等会用格子分隔开来，这样的设计富有现代化气息。其室内陈设多选择日式的字画、茶具、玩偶、纸扇等，有的家庭还会选择和服对室内进行装饰，色彩上呈现出单纯、浓烈的特点，以营造淳朴、高雅的氛围。

③印度古典风格。该风格追求艳丽的色彩和繁杂的线条，十分具有民族特色。印度的纺织业发展得非常好，原因在于印度具有席地而坐的习俗，所以家里会常备漂亮的地毯，也正是因为这一传统，印度的家具尺寸通常都比较小，一些比较高档的家具才会有比较大的尺寸。除了纺织品以外，印度的金属器皿，如银器、铜器以及木器等也十分具有当地特色。

2.近现代风格

（1）工艺美术风格

工艺美术风格是一种以实用性为目的，注重艺术审美和手工艺制作过程的艺术风格。它强调手工制作，追求物品的美学价值和艺术性，同时考虑其实用性和功能性。工艺美术风格最早产生于19世纪末20世纪初的欧洲，当时工业革命推动了生产方式的变革，也提高了人们对手工艺的重视程度。工艺美术风格在设计上注重对材料和技术的运用，尊重材料的天然属性，强调手工艺的精湛技艺和创新设计。其应用领域涵盖了家居用品、家居装饰、珠宝首饰、陶瓷器、玻璃制品、时装设计等多个方面。在当今世界，工艺美术风格的设计仍然受到广泛的关注和追捧，是一种永恒的艺术风格。

（2）新艺术风格

新艺术风格是一种兴起于 19 世纪末的艺术和设计风格，其特点是强调线条的优美和流畅，结合了自然和人造元素，追求艺术与生活的融合。该种风格主要在欧洲流行，尤其是在比利时、法国和德国等国家的艺术家和设计师群体间得到广泛的应用和发展。

新艺术风格的历史可以追溯到 19 世纪 80 年代的英国，当时艺术家们开始反对机械化生产和传统的装饰艺术风格，并试图将艺术与生活紧密结合起来。这种风格在 1893 年的芝加哥世界博览会上得到了广泛的关注，并逐渐传播到欧洲其他国家。在欧洲，新艺术风格主要表现在建筑、家具、珠宝和艺术品等方面，许多建筑和家具采用了流线和曲线等线条设计，呈现出极具装饰性和浪漫主义的特点。

新艺术风格的兴起反映了 19 世纪末社会的变革和人们对美的追求。它开创了一种新的艺术和设计风格，影响了后来的现代主义艺术和设计，成了现代艺术发展的重要里程碑。

（3）装饰艺术风格

装饰艺术风格是指 19 世纪末 20 世纪初在欧洲兴起的一种艺术风格，以装饰为重要特征。它主张艺术与生活相结合，注重设计感和实用性，对工业化生产和社会生活产生了深远影响。装饰艺术风格的特点是在材料和工艺上不断创新，大量使用新材料，如玻璃、钢铁等，强调曲线、花纹、色彩和图案的设计。装饰艺术风格包括艺术和工艺品两个方面，艺术方面以威廉·莫里斯、奥地利分离派、比利时艺术家亨利·凡·德·威尔德和法国艺术家埃米尔·加莱等为代表；工艺品方面以维也纳分离派、巴黎艺术品公司、蒙特卡罗的戴森兄弟和芬兰的阿尔瓦·阿尔托等为代表。装饰艺术风格在欧洲和美国得到广泛传播和影响，对于现代设计和装饰产业的发展具有重要意义。

（4）现代主义风格

现代主义风格是 20 世纪初兴起的一种艺术和设计风格，主张摒弃传统，注重功能和实用性，强调简洁和几何形式，代表作品包括荷兰画家皮特·科内利斯·蒙德里安的抽象作品和德国建筑师瓦尔特·格罗皮乌斯的现代主义建筑。现代主义风格受到了新科技、社会变革和工业化的影响，尤其在建筑和工业设计领域中得到了广泛的应用。现代主义强调创新和前卫，成为 20 世纪最具影响力的艺术和设计风格之一，对后来的设计和艺术产生了深远的影响。

3. 后现代风格

（1）解构主义

解构主义是 20 世纪 60 年代，以法国哲学家德里达为代表所提出的哲学观念，是对 20 世纪前期欧美盛行的结构主义和理论思想传统的质疑和批判。建筑和室内设计中的解构主义派对传统的构图规律等均采取否定的态度，强调不受历史文化和传统理性的约束，是一种貌似结构构成解体、突破传统形式构图、用材粗放的流派。以彼得·艾森曼、弗兰克·盖里以及屈米等为代表。

（2）新现代主义

新现代主义风格既具有现代主义风格严谨的功能主义和理性主义特点，又具有独特的个人表现和象征性。20 世纪 80 年代后，新现代主义继续发扬现代主义理性、功能的本质精神，但对其冷漠单调的形象进行不断修正和改良，突破了早期现代主义极端的反对装饰的思想，迈入了多元的、多风格装饰的新时代；同时由于科学技术的发展，装饰语言更加强调细节构造技术以及新材料的特点，在设计中也更加注重人文性和生态性的体现。代表设计师有理查德·迈耶、贝聿铭、安藤忠雄等。

（二）室内设计的流派

1. 高技派

高技派也叫作重技派，主要强调的是当前时代在工业方面的技术成就，并在设计建筑与室内环境时充分利用这些成就，以达到炫耀的目的。该流派追求机械之美，会将一些结构构件如梁板、网架以及设备管道如线缆等暴露在室内，以彰显时代感和工艺感。该流派比较有代表性的实例便是法国巴黎蓬皮杜国家艺术与文化中心（图 1-6）、中国北京首都国际机场新航站楼等。

图 1-6　法国巴黎蓬皮杜国家艺术与文化中心

2. 白色派

白色派追求的是朴实无华的感觉，不管是在室内的界面设计还是在家具的选择上都追求白色基调，给人一种简洁、明亮的感受。以迈耶（美国建筑设计师）所设计的史密斯住宅为例，其室内设计以白色为主，不仅在表面的处理上选择了简化的白色装饰，还具备了一定的构思内涵，是在充分考虑室内人的活动和室外景物的前提下进行的设计。由此可见，从某种意义上说，室内环境仅仅在活动场所充当背景，因此不需要进行太多的造型装饰和色彩的渲染。

3. 光亮派

光亮派也叫作银色派，从名称上我们就能大致了解到，该流派主要追求的是利用新型材料和现代工艺打造出细致精美的光亮效果。该流派经常使用抛光后的花岗岩、大理石、曲面玻璃等材料进行装饰，在照明上经常使用可以进行反射、折射的新型灯具，然后通过各种光亮的材料使室内环境变得绚丽夺目。

4. 风格派

风格派起始于 20 世纪 20 年代的荷兰，是以画家蒙德里安等为代表的艺术流派，强调"纯造型的表现""要从传统及个性崇拜的约束下解放艺术"。风格派认为"把生活环境抽象化，这对人们的生活来说就是一种真实"[①]。风格派室内装饰和家具经常采用几何形体，以品红、黄、青三原色，间或以黑、灰、白等色彩相配置。风格派的室内设计在色彩及造型方面都具有极为鲜明的特征与个性。风格派建筑与室内装饰常以几何方块为基础，对建筑室内外空间采用内部空间与外部空间穿插并统一为一体的手法，以屋顶、墙面的凹凸和强烈的色彩对块体进行强调。

5. 田园派

田园派倡导回归自然的设计手法，推崇自然与现代相结合的设计理念，室内多用木材、石材和藤制品等天然材料，营造出清新、淡雅的气氛。田园派受地域、乡村文化影响较深，善于从当地吸取设计元素及造型方法，在室内设计中力求表现悠闲、舒畅和自然的田园生活情趣。

6. 超现实派

超现实派所追求的是与现实相脱离的艺术效果。该流派在室内布置中经常采用曲面或者弧形的流动性界面，使用浓厚的色彩和变化多端的光影，再配备

---

① 李劲江、徐姝：《居住空间设计》，华中科技大学出版社 2017 年版，第 54 页。

形象怪异的家装、现代感的雕塑和绘画艺术,从而营造出浓厚的超现实的氛围。超现实派风格比较适用于对室内环境具有特殊需求的娱乐或者展示空间。

7. 新洛可可派

新洛可可派虽然保留了一些洛可可繁复的装饰特点,但是二者依然存在很多不同之处,主要体现在三个方面:首先,装饰属于整体的组成部分,并不是依附结构的细节处理,注重通过现代化的科技手段体现洛可可派的设计特点。其次,新洛可可派乐于使用水晶、抛光的大理石、不锈钢等光亮的材料,以达到一定的灯光效果,通过发光的屋顶等结构实现绚丽多彩、富丽堂皇、金碧辉映的效果;通过运用现代化的工艺和装饰材料,不仅使室内装饰具备传统设计中的华丽感,还能展现出浪漫的现代化气息。最后,艺术和建筑在表现形式上是相通的,新洛可可派将装饰与雕塑、绘画等艺术进行了很好的融合。

8. 装饰艺术派

装饰艺术派起源于 20 世纪 20 年代法国巴黎召开的一次装饰艺术与现代工业国际博览会,后传至美国等国家,如美国早期兴建的一些摩天楼即采用了这一流派的设计手法。装饰艺术派善于运用多层次的几何线形及图案,重点装饰于建筑内外门窗线脚、檐口及建筑腰线、顶角线等部位。上海早年建造的老锦江宾馆及和平饭店等建筑的内外装饰均采用了装饰艺术派的设计手法。近年来,一些宾馆和大型商场的室内空间,出于既具时代气息又有建筑文化内涵的考虑,常在现代风格的基础上,在建筑细部饰以装饰艺术派的图案和纹样。

第三节 室内设计的构思来源与发展趋势

一、室内设计的构思来源

(一)灵感的激发

所谓灵感,就是指在思维过程中,在特殊精神状态下突然产生的一种领悟式的飞跃,也是在创作活动中,人的大脑皮质高度兴奋的一种特殊的心理状态和思维形式,是在一定的抽象或形象思维的基础上,突如其来地产生出新概念或新形象的顿悟式思维形式。灵感的萌发是主观与客观相互作用的结果,灵感是对客观事物本质的洞察,艺术典型是经过对生活原型本质的洞察塑造出来的，科学发展就是根据这一规律产生的，正如"灵感是知识、经验、追求、思索与智慧综合在一起而升华了的产物"①。

要想获得创造灵感，就要积累丰富的知识及经验，有一双善于发现的眼睛和灵敏的观察力，不断培养创造性思维能力。深入研究激发创造灵感的学习方式，对开发智力资源、培养创造性人才具有重要意义。

1.灵感的点化、启示、创造性梦幻型、退想

（1）点化，即在平日阅读或交谈中，偶然得到他人思想启示而出现的灵感。例如，火箭专家库佐寥夫在解决火箭上天的推力问题时，通过妻子的一番话，最终找到了解决问题的办法。

（2）启示，即通过某种事件或现象原型的启示激发创造性灵感。例如，科研人员从科幻作家儒勒·凡尔纳描绘的"机器岛"原型得到启示，产生了研制潜水艇的设想，并获得了成功。

（3）创造性梦幻型，即从梦中情景获得有益的"答案"，推动创造的进程。睡眠之时常常伴有灵感出现。

（4）退想。"在对问题做了各方面的研究以后，巧妙的设想不费吹灰之力意外地到来，犹如灵感。"②这些设想并不是在精神疲惫或是伏案工作的时候产生的，而往往就是在一夜酣睡之后的早上或是在晴朗的天气缓步攀登树木葱茏的小山之时萌发的。这些思维活动被我们称为无意识退想，即在紧张工作之余，大脑处于无意识、轻松休闲的情况下而产生的灵感。

2.灵感的突发、亢奋、创造

（1）突发，即不期而至，偶然发生。灵感在什么时候、什么地方、什么条件下产生是不能预料和控制的。它可能在看过千百遍的事物中被触发，可能在清醒并艰苦的艺术构思中突然来临，甚至可能在梦幻状态的下意识中闪现；而且一旦被触发或突然来临和闪现，就会文思如潮，妙笔生辉，产生意想不到的结果。

一个灵感不会在一个人身上发生两次，而同一个灵感更不会在两个人身上同时发生。灵感在设计过程中不期而至、偶然发生；设计师无法准确预料灵感在何时、何地、何种条件下产生，也很难控制灵感发生时的情感和理智，而是

---

① ［法］让·雅克·卢梭：《自省之书》，北京联合出版公司 2016 年版，第 307 页。
② 宋国文：《思维风暴 引领读者在思维的逆转中寻找突破》，团结出版社 2018 年版，第 220 页。

不由自主地被灵感牵引着。灵感发生时，通常是设计师创作精神状态最集中、最紧张的时候，甚至会出现"物我两忘"的状态。

（2）亢奋，即专注、紧张。从灵感出现后的精神状态来看，它具有亢奋的特点，甚至使人达到入迷而忘我的境界，以至于有人把它看作一种"疯狂"或"迷狂"。其实，所谓迷狂状态，就是灵感出现之后高度专注、极度亢奋的紧张状态，并非真正的迷狂，而是在创作中废寝忘食、聚精会神于艺术形象的创造，暂时地沉迷于其中而撇开了周围环境中的一切，以致完全"忘我"。

（3）创造。从灵感的功能来看，它具有超常、独特的特点。所谓超常，是指灵感既不是常规思维所能控纵自如的，也不同于常规思维的一般逻辑进程和普通效能，而是"异军突起"，效能特异。所谓独特，是指灵感状态有着特殊发现和特殊表现的功能，它的出现是不可预测的。

3. 灵感的引发

（1）观察分析。创新的过程是与观察分析分不开的。观察不是普通的用眼睛去看，而是要带着目的，有计划、分步骤地对事物进行仔细考察。在深入观察以后，人们可以从中找出一些不平常的事物，从看似无关的事物中发现其中的相似性和相关性。在观察的过程中，人们一定要仔细分析，只有以观察为前提去分析，才能获得灵感，然后产生新的认知。

（2）启发联想。新的认知都是在已有认知的基础上产生的。新认知产生的关键在于新旧认知、已有认知和未知认知间的联系。所以，要想进行创新，就必须展开联想，这样才能获得启发，在启发中产生灵感，进而得到新的认知。

（3）实践激发。实践是创意的阵地，是灵感产生的源泉，实践激发包括现实实践的激发和过去实践体会的升华，各项科技成果的获得都离不开实践的推动。在实践过程中，迫切解决问题的需要促使人们积极地思考问题、废寝忘食地钻研探索。因此，在实践中思考问题、提出问题、解决问题是引发灵感的好方法。这说明"具有丰富知识和经验的人，比只有一种知识和经验的人更容易产生新的联想和独到见解"[①]。

（4）激情冲动。激情冲动对人的潜力的挖掘具有重要作用，可以促使人顺利地解决一些平时看似很难解决的问题。激情冲动可以使人的注意力、记忆力、理解力等得到一定程度的增强，充分发挥人的潜力以形成创造冲动，同时表现为按客观规律办事、以反复探索为前提。换句话说就是，激情冲动能够促

---

① 张成滨：《创造力开发与训练》，北京燕山出版社 2009 年版，第 50 页。

使人产生灵感。

4.感悟自然

（1）拟形。拟形的设计方法是通过模拟自然界中的物象或通过其自然形态来寄寓、暗示或折射某种思想感情，这种情感的形成需要通过联想和借物的手法达到再现自然的目的，而模拟的造型特征也往往会引起人们美好的回忆与联想，从而丰富空间的艺术特色与思想寓意。

（2）仿生。根据仿生形态再现的程度和特征，仿生可分为具象仿生和抽象仿生。具象仿生是把真实的对象形体和组织结构再现出来，把自然蕴含的规律作为人的生活和工作环境的基础。

具象仿生具有很强的自然性和亲和性，而抽象仿生是用简单的结构形态特征反映事物内在的本质。此形态作用于人时，会产生"心理形态"，通过人的联想把虚幻的事物表现出来，以简洁的曲线或曲面形式显现有机形态的魅力，表现出富有简约特征的空间形态。

5.空间气氛的联想

（1）空间气氛的意境。空间气氛的意境不仅是室内环境精神功能的最高层次，也是对形象设计的最高要求。空间环境所具有的特定氛围或深刻意境就是空间气氛营造的意义之所在。

（2）空间的印象。空间的感觉是一种印象，但氛围则更接近个性，能够在一定程度上体现环境的个性。我们通常所说的轻松活泼、庄严肃穆、安静亲切、欢快热烈、朴实无华、富丽堂皇、古朴典雅、新潮时尚等就是关于空间氛围的表述。

空间氛围是由空间的用途和性质决定的。此外，空间氛围还与人的职业、年龄、性别、文化程度、审美情趣等有着密切的关系。从概念上说，空间环境应该具有何种氛围是较容易决定的，如接见室、会客室应当亲切、平和，宴会厅应该热烈、欢快，会议厅应该典雅、庄重等。但实际上，室内环境的类型相当复杂，即便是同一类型的建筑，当规模、使用对象不同时，其体现的氛围也可能是完全不同的。例如，同为会堂，国家会堂和一般科技会堂的氛围是不一样的；同是餐厅，总统套房的餐厅和一般用于婚、寿、节庆的宴会厅的氛围也不可能相同。对此，设计者必须本着具体情况具体分析的精神加以判断和处理。

（3）空间表象的联想与加工。世界未来学家阿尔文·托夫勒在 1970 年出版的《未来的冲击》中提出："谁占领创意的制高点，谁就能控制全球。"设计思维是设计表达的源泉，而设计表达是设计思维得以显现的通道，可以说，没有设计思维，设计表达也就成了无源之水、无本之木。设计思维主要表现为对环境的联想过程，可以说，联想是人在头脑中对已储存的表象进行加工，从而形成新形象的心理过程。联想与思维有着密切的联系，它们都属于高级的认知过程，都产生于问题情境，都是由个体的需求推动的，且都能预见未来。联想能突破时间和空间的束缚，达到"思接下载""神通万里"的境界。根据创造性程度的不同，联想又可分为再造联想和创造联想。再造联想是指主体在经验记忆的基础上，在头脑中再现客观事物的表象；创造联想则不仅仅再现客观事物，而且创造出全新的事物形象。

联想是人与生俱来的天赋，但作为创意能力，其需要后天不断地学习、发展和提高。要想发挥联想的潜力，使其更好地在创意活动中发挥作用，可以使用以下几种方法（见表1-1）。

表1-1　联想的方法、特点、重要性

方法	特点	重要性
储存信息	在大脑中不断地、全方位地、高质量地储存知识和经验等信息，这是联想的源泉和基础	全方位信息存储是高质量联想的首要条件。从多角度、多途径、多层次综合存储信息，通过知识和经验结合存储、逻辑和形象互补存储、多学科、跨学科兼收并容存储，才能为高质量的联想打好基础
大胆联想	打破常规，超域界、超时空的大胆联想	要获得最佳的联想成果，首先要放开胆量，发散思维，不能因外界条件而束缚自己的联想思维

以瑜舍酒店设计为例，设计师运用联想的方法将中国传统的"五行"理念运用在酒店设计的创意之中。客人首先进入的是"鸡蛋电梯"，寓意生命之初，代表土；客人从电梯间出来，向左通向地中海餐厅，餐厅设有火炉，可为客人提供各具特色的烘焙食物，代表火；北亚餐厅大厅设置了巨型镜子，让客人观赏精彩的烹调过程，代表木；客人越过多扇青铜大门及水道后，会到达五个内设私人贵宾厅的"匣子"，"匣子"充满了神秘感，极具诱惑力，以流

水进行装饰，从而起到保护客人隐私的作用，代表水；但是酒吧却是完全不一样的，其中只有一个透明"匣子"，那就是酒吧，这个透明"匣子"的四周被金属材质的帘子围绕着，摇滚风格展露无遗，"匣子"里放置了水泥材质的吧台、圆形的凳子、木质的桌子和漂亮的灯具，打造了一种狂野且华贵的风格，代表金。

所以，好的创意离不开联想，只有不断地提高联想能力，丰富大脑中存储的信息，才能创造出更高质量的创意作品。

（二）风格的趋向

风格是通过造型艺术语言所呈现的精神、风貌、品格和风度，是设计师从设计创意中表现出来的思想与艺术的个性特征。这些特征不只是思想方面的，也不只是艺术方面的，而是从创意总体中表现出来的思想与艺术相统一的并为个人或作品独有的特征。

1.超越时代的记忆

一是在经济全球化进程不断加快的时代和在现代科学技术的推动下，社会生产力迅速发展，深刻地改变着人类生活的面貌，各种新思想、新文化、新观念逐步形成；二是科学精神推动和引导时代的发展，科学精神的核心是实践与创新。

所谓设计的时代感，是指由时代的社会生活决定的时代精神、时代风尚、时代审美等需要体现在设计作品格调上的反映。同一时代的设计师，个人风格可能各不相同，但无论是谁的设计作品，都不能不烙上时代的烙印。而且，巧妙地糅进其他文化气质类型的成分往往会使设计作品脱离某种固有模式而显得比较自在。

时代感的特性包含两个层次：首先，要立足时代，既要从时尚中寻求灵感，又要超越时尚，把握其内在的本质。否则，装饰设计在居住建筑中运用得再好，如果缺少时代感也是毫无意义的。其次，时代性的根源在于传承与经典，对于建筑装饰的运用当然也不能缺少了这两点。经典与传承包含了思想意识、生活方式、文化价值等多个方面的内容和经验，如果对其进行合理的应用，其蕴含的现实意义便是作用于当前的建筑设计并在长时间内有效发挥自身的作用。因此，人们一方面要善于借鉴经典永存的价值，另一方面要积极传承传统的内在精神。

一个好的设计方案首先是站在历史阶段过程的"点"位上，是以科技为先导并有灵感的设计。设计与时代应当共同进步如卢浮宫旁的玻璃金字塔即贝聿铭正确把握设计与时代的成功范例。

2.新材料与新工艺

城市化是时代的主旋律，信息科学的进步和后工业社会的到来带来种种发展的契机，生态学的发展带来环境研究方面的进展，同时为设计提供了大量的灵感，主要表现在以科技成果为主题的新材料和新工艺的运用。设备设施在不断吸取传统装饰风格中的设计精华的基础上，结合地域特质和当今科技成果重新塑造新的室内"性格"。同时，它还与新兴学科紧密相连，如人体工程学、环境心理学、环境物理学等。新材料与新工艺的运用见表 1-2。

表 1-2 新材料与新工艺的运用

设计要求	具体运用
追求光亮强烈的视觉效果	综合运用铝合金、不锈钢、大理石、花岗岩和玻璃幕墙等反光性较强的装饰材料，通过对光的反射、折射及动感，使空间产生光彩夺目的视觉效果
体现现代艺术的直率个性	以体现工业科技发展成就的商业环境设计为主，如建筑钢结构及设备管道的裸露、自动扶梯及结构构件的各种组合。这种设计风格力求表现结构美、工艺美、材料美，体现高科技性
追求简洁的完整构图	采用极为单纯的几何形体，做规整的排列组合，注重秩序与比例，强调水平或垂直线条、简洁完美的弧线等空间表现形式

由于地球上资源有限，建筑无节制地耗用能源及物质财富着实令人担忧，环保型设计越来越受到人们的重视。在进行室内设计时，不管是国内外传统的还是当代的优秀设计成果，我们都可以积极地借鉴，但是切记不能简单地直接抄袭，更不能直接套用，而是要和自己的设计理念相结合，在选择性借鉴的基础上寻求创新。

3. 情感的"表象"

情感不但和美感、情绪有着直接的关系，其中也蕴含着理智感、道德感，所以严格来说，情感的出现多多少少和理性因素脱不了关系。记忆表象和情感有关，因此具有多样性的特点，在潜意识中，通过记忆表象的作用，很多其他表象也会变得活跃，然后与感知、认知等多个方面建立联系。换句话说，在情感的促使下，潜意识会发出留存时间很短的信息，这些信息有助于设计师获得灵感。

（1）情感的轨迹。心理学、文学、美学等多个领域都离不开人类情感，实际上，随着人类设计的发展，其情感和创意也会变得更加清晰，并且能对其非理性的发展道路进行反映。

（2）情感的痕迹。空间创意中的人类情感也会经历由简入繁、由低到高的发展过程。在此过程中，构筑由原始装饰向实体塑造转变，由以往的描绘艺术造型向空间经营转变，从以往的空间组合设计向环境系统整合转变，从把握群体环境向城市美感打造转变。这些转变都明显体现了人类情感和精神需求的改变，也反映了建筑审美正在随着人类深层次需求的变化而不断发展。

（3）情感的作用。第一，情感能够为设计师提供产生顿悟或灵感的条件和机遇。空间设计灵感和别的艺术灵感无异，都有赖于人的潜意识活动。潜意识活动是由多种因素促成的，其中最活跃的因素就是情感，和情感有关的记忆表象很丰富，一旦人的心中积压了某种情感，就会促使与其有关的其他表象记忆也变得活跃，然后和其他方面建立短暂的关系。在情感的作用下，潜意识里会被激发出瞬息即逝的信息，从而使设计师获得灵感。空间创意感越多，获得灵感的机会就越大。第二，空间创意设计可以在情感的帮助下明确设计目标。室内设计创意中的艺术想象归根结底是要在悉心解析建筑空间因缘、充分考虑环境、经济、技术等多个方面的基础上，寻找比较完美的空间创意风格和形式。因此，空间艺术想象要具备明确的目的和方向。在室内设计创意中，主体情感可以为想象活动提供方向，甚至能帮助其设定明确的目标。

4. 人性化设计

人性化设计指的是在满足人类物质需求的前提下注重情感和精神上的设计因素。从某种角度讲，社会的发展代表了人性的发展，人类在这一发展过程中进行不断的自我否定和自我超越。设计是以人为本的活动，以人为本是当今社会提倡的主题之一。空间为人提供活动的场所，人为空间注入活力和价值，二者相互影响。设计师只有通过研究人与自然的关系、物质与文化的关系，才能创造出人性化的空间和场所，真正体现设计为人服务的宗旨。人性化设计既要满足人们的物质需求，更要强调精神和情感需求，因此人性化是设计中不可缺少的要素。人性是人类共通的情感，追求真善美、求真务实等都是人性的体现，因此，人性化设计就要基于人的生理、心理和行为的需求，通过合理的技术手段为创造性活动提供保障，这不仅体现了人文精神，也体现了人与自然、与环境和谐相处的理念。例如，北京"长城脚下的公社"的设计案例是中国建筑发展史上将两者整合的一个突破。二十栋别墅都是由 35 岁以下的青年建筑师设计完成的，由于设计师受美国建筑师赖特的"流水别墅"和"解构主义"思想的影响，每座别墅的建筑结构和构成形态都巧妙地融入自然环境，同时表明了设计师对环境的重视和强烈的个人表现。别墅的外观设计延伸到室内设计，从而形成了一个整体的设计要素呈现：通透的大玻璃窗，既有良好的采光，又使人仿佛置身于自然环境之中，同时具有中国古典园林"借景生情"的意味。

（三）特质的延伸

1. 设计的文化属性

（1）文化内涵。任何称为"文化"的东西，即使是隐晦曲折的文化观念或创作意念，都是要通过物质形态显现出来的，都是以"物化"为前提的。文化内涵就是反映概念中对象的本质属性的总和。不难理解，建筑的内涵或我们通常所说的建筑文化内涵应包括：①物质文化方面的属性。建筑既具有供人们享用的空间环境，也具有为实现这一目的而必须提供的经济技术手段。②精神文化方面的属性。建筑具有在空间环境创造中所渗透的来自哲学、伦理、宗教等方面的生活理想，以及来自民族意识、民俗风情等方面的审美心态等。③艺术文化方面的属性。在对上面所说的文化内涵进行综合考虑的基础上，还要对艺术审美的理念进行贯彻，对表现内容加以扩展。美国著名的建筑师弗兰克·盖里除了非常注重艺术以外，还和其他的艺术家交往密切，他曾表示："在一定意义上，我也许是一个艺术家，我也许跨过了两者间的沟谷。"[1]

（2）传统文化。格罗皮乌斯曾说："真正的传统是不断前进的产物，它的

---

[1] 吴焕加：《20 世纪西方建筑史》，河南科学技术出版社 1998 年版，第 325 页。

本质是运动的，不是静止的，传统应该推动人的不断前进。"①人们认为这是其对于室内设计时空观的解释。传统文化是人们经历了多个时代的生产劳动，在多种条件和环境的影响下总结出来的经验，是在多种外来文化精华和人类未来发展的理想与智慧的融合下形成的。因此，人类社会的发展和相关的传统文化体现了时代的变迁。另外，民族传统也随着时代的变化而变化，不仅和文化一脉相承，还是历史的延续。

因此，当代的室内设计师除了学习传统、理解传统以外，还要提升自身对于文化传统的悟性。设计师要具备敏捷且富有创造性的思维，在设计过程中切忌抄袭和套用，要精准地抓住传统文化中的精髓部分，找到传统和现代之间适当的切合点，找到具有共通性的元素，使历史得以延续和发展，并在继承传统的基础上进行创新，从而形成新的文化观念。

（3）全球文化。如今，随着全球经济一体化的迅猛发展，人们愈发重视对生态环境的保护，尤其是在现代设计中。其原因在于设计正朝着多元化的方向发展，世界各国都更加钟爱带有本国特色和风格的设计作品。因此，设计领域未来的发展方向就是文化的重新塑造和建构。在这样的发展背景下，我国建筑空间设计有了更多的发展机遇，越来越多的外来的优秀设计理念和思想被引入我国，使我国设计师们的视野变得更加开阔，从而大大推动了我国建筑设计行业的蓬勃发展。

2. 设计的美学价值

马克思说："'价值'这个普遍的概念是从人们对待满足他们需要的外界的关系中产生的。"②从美学的角度来讲，价值的内涵相当丰富，包括审美价值、教育价值、娱乐价值等内容。

价值具有潜在性。通过设计获得的价值同样是潜在的，是还没有实现的，要想使其得以真正发挥，就必须将其体现在现实生活中。检验价值的标准在于主体认识与价值客体实际符合的程度。另外，实现价值的过程也是一种实践的过程，还可以被叫作艺术的欣赏和消费等。

室内设计美学价值的特征表现为：

室内设计美学价值体现于全部要素及其构成的整体，其是否可以充分体现出来，关键就在于要素及其构成的整体能否打动人。所以，对于室内环境设计

---

① 刘发全、吴士元：《设计学概论》，沈阳出版社 2000 年版，第 138-139 页。
② ［德］马克思、恩格斯：《马克思恩格斯全集》第 19 卷，人民出版社 1979 年版，第 406 页。

而言，最重要的就是让设计的形象可以被人感知到或者能够使人动容。

由于环境的不同，美学价值可以被分为三个层次：一是功能美，即和物质因素有关的美学价值；二是形式美，其和物质因素相距较远；三是意境美，其和物质因素相距更加远，属于精神层面的美学价值，其层次也是最高的。

室内设计在精神层面的功能也很丰富，可根据环境类别、性质及用途加以区分和定位，而这些功能是否可以具象地体现出来，关键在于设计者自身能力和水平的高低。这样才能反映设计发展的动力、途径和规律，才能使各国设计相互交流、相互融合，求同存异，多元互补，实现共同发展。

3.跨越边界的设计

室内设计的知识结构与人类生活的联系十分紧密，几乎与人的全部生活包括初级的物质生活和高级的精神生活都有联系，这种特性决定了它体现文化的必然性。室内设计的知识结构具有丰富的构成要素，无论是建筑空间，还是其中的家具、书法、雕塑、绘画等，都是一种语言，这一点又决定了它体现文化的可能性。

基于以上理由，室内设计的知识结构一定要积极主动地体现国家的、民族的、地域的历史文化，使整个环境具有深刻的历史文化内涵。

室内设计需要体现当代科学技术的发展水平，符合现行规范和标准，具有技术和经济上的合理性。人们根据需要，适时引入先进的材料、技术、设备和新的科学成果，包括逐步推进建筑的智能化；注重来自材料、家具、设备等方面的污染，并采取有效措施，保证室内环境有利于人的身心健康，有利于保护人类生存的环境。

4.适度设计

（1）多与少。密斯·凡·德·罗一直秉持"少即是多"的理念。如今，"少即是环保"成了最新的设计理念。所谓"少"，即少装饰和少改动，空间流动性对一个功能性场所来讲很重要，所以尽量用空间的变化来达到流动的效果，少用线角、花样和隔断等装饰手法。在设计理论界早已有人提出"适度设计""健康设计""美的设计"等原则，包括今天的"绿色设计"，这些都是现代设计新的定位，是为了防止现代的商业化设计给我们的自然环境带来破坏，防止生活过度物质化，防止传统文化丧失甚至人性人情的失落和异化，从而让人类的子孙后代更艺术、更健康地生活下去。例如，奥德设计的鹿特丹"联合咖啡馆"打破了一座房子必须是完整的封闭结构的观念，把房子的界面看成可以独立发生作用的单位，它们可以相互穿插、交错、分离，形成上下、左右相互贯通的空间。"少"的设计包括淡化奢华的设计理念、避免过度装饰、正确使用天然材料等。设计给人们带来的回归感本身就是一种极好的设计创意。可以说，真正优秀的简单设计是设计的最高境界。

（2）适量与量度。设计的本质要求应该为：通过合理的设计为人们提供舒适、耐用、愉悦心境的室内外空间环境。所以，设计不能一味追求炫耀型的消费，而应强调实用性与美学原则。人们允许并需要特定场合和特殊区域的"豪华"设计的存在，但不应让此类设计成为设计的主导，更不应该一味追求"档次高"与"豪华"而忽略或者远离基本的实用功能。真正的设计应该是以适度的造价达到适度的效果，而非使造价与效果成正比。

"一座伟大的建筑物，必须从无可量度的状况开始，当它被设计着的时候又必须通过所有可以量度的手段，最后又一定是无法量度的。建筑房屋的唯一途径，也就是使建筑物呈现在眼前的唯一途径，是通过可量度的手段，并服从自然法则。"[1] 这句话提醒人们，设计应该减少不必要的、没有任何实际功能的"装饰"，而这些"装饰"也未必具有美感。在强化功能的前提下，以适当的艺术设计形式完善室内设计是设计师应该追求的工作目标，而具备这样理念的设计一定会广受欢迎，且带来良好的社会效应。也许设计师在图纸上合理地少画一条线，就可以达到量度的效果，可以说，一项优秀的设计并不是昂贵高级材料的堆砌。

（3）全球共生。在地球上，生物群落构成一个相互制约又相互依存的相对稳定的平衡体系，这种体系所表现的相对稳定平衡的态势就是生态平衡。如果生态平衡受到严重破坏，就会危害整个生物群体，也必然会危及人类自身。因此，室内设计必须维护生态平衡，贯彻协调共生原则、能源利用最优化原则、废弃物排出量最少原则、循环再生原则和持续自生原则，同时让环境免受污染，让人们更多地接触自然，以满足其回归自然的心理需求。

共生是指动植物互相利用对方的特性和自己的特征一同生活、相依为命的现象。所以从这个角度来讲，人类应重新审视自己，不要以所谓的科技手段与工具欺凌其他种类的动物，因为从一定意义上说，我们人类与其他动物属于同类。从共生的角度展望未来，多一些对共同生存的考虑，以求得整个生物世界的和谐发展，是设计师应该思考的问题。因此，"以自然为本"才是设计行业

---

[1] 管沄嘉：《环境空间设计》，辽宁美术出版社 2019 年版，第 108 页。

应当长期遵循的工作理念。

二、室内设计的发展趋势

（一）室内设计的多元并存趋势

自 20 世纪 60 年代以来，西方建筑设计领域与室内设计领域一直在变化，在这种情况下，人们开始质疑现代建筑的机器美学观念。呈现在人们眼前的是这样一种状况，即理性与逻辑推理遭到冷遇，强调功能的原则受到冲击，而多元的取向、多元的价值观、多样的选择正成为一种潮流。人们提出要在多元化的趋势下对设计的基本原则进行重新强调和阐释，由此便出现了大量的流派，它们此起彼落，使人有众说纷纭、无所适从之感，如现代与后现代之间的较量、技术与文化之间的碰撞、使用功能与精神功能间的融合、限制与自由之间的博弈等。

在这种情况下，学者们提出了"钟摆"理论。这一理论指出，只有钟摆在左右摆动时，挂钟的指针才能转动，当钟摆停在正中或一侧时，指针就无法转动。从整体发展趋势来看，当今的室内设计也是如此，其正是在不同理论的互相交流、彼此补充中不断前进，不断发展。当然，就某一单项室内设计来说，其具体设计应当根据具体情况有所侧重、有所选择，其实这也正是使某项室内设计形成自身个性的重要因素。

在室内设计中，现代与后现代、技术与文化等相对因素是非常常见的，如奥地利旅行社和美国国家美术馆东馆，这两个建筑都是在 20 世纪 70 年代末建成的，但两者的风格完全不同。

奥地利旅行社的室内设计是后现代主义的典型作品，其设计者是汉斯·霍莱因。该旅行社的中庭很有情调，天花是拱形的发光顶棚，由一根带有古典趣味的不锈钢柱支撑着。九棵由金属制成的棕榈树散布在钢柱的周围。从顶棚倾泻而下的阳光加上金属棕榈树的形象很容易使人联想到热带海滩的风光，而金属之间的相互映衬又暗示着这是一个娱乐场所。大厅内还有一座休息亭，其设计采用的是印度风格。人坐在这个亭子里可以联想到美丽的恒河，追溯遥远的东方文明；从休息亭回头眺望时，会看到一片倾斜的大理石墙面。这片墙有着深刻的内涵，它与墙壁相接并渐渐消失，神秘得如同埃及的金字塔。金碧辉煌的钢柱从后古典柱式的残断处挺然升起，体现出古典文明和现代工艺的完美交融。一开始人们可能会觉得这一设计比较怪异，但仔细品味会发现这是设计师对历史的深刻理解。

美国国家美术馆东馆则具有典型的现代主义风格，是由贝聿铭先生设计的。无论是外形、基本构图要素还是洗练手法，都体现了现代主义的特点，给人以简洁、明快、气度不凡之感。

所有的设计流派并不存在真正的对与错，它们都是有一定的依据的。因此，分出对与错并没有具体的现实意义，只有在承认各自相对合理性的前提下，对各种观点的适应条件与范围进行重点探索才有利于室内设计的发展。由于室内环境所处的特定时间和环境条件、设计师的个人爱好、业主的喜好与经济状况等因素并不是一成不变的，具体的设计应有所侧重与选择，只有这样才能达到多元与个性的统一，才能达到"珠联璧合、相得益彰、相映生辉、相辅相成"的境界，才能实现室内设计创作的真正繁荣。

（二）室内设计的新技术运用趋势

自 20 世纪中叶以来，西方各国的科学技术取得了飞速的发展，也促进了社会的发展。这一时期，在技术进步的影响下，人们的思想发生了一定的变化，对技术的力量和作用有了进一步的认识。设计师们开始尝试把新技术运用到建筑中，如萨伏伊别墅和巴塞罗那博览会中的德国馆等都运用了新技术。在室内设计领域，设计师对能创造良好物理环境的新设备表现出极大的兴趣，尝试将其运用到室内设计中，试图以各种方法探讨室内设计与人类工效学、视觉照明学、环境心理学等学科的关系，反复尝试新材料、新工艺的运用，将最新的计算机技术运用到设计表达上，等等。总而言之，新技术对室内设计产生了较大的影响。

例如，蓬皮杜国家艺术与文化中心充分展示了现代技术本身所具有的表现力。整座大楼的结构和设备全部裸露，楼的东立面上挂满了各种颜色的管道，其中红色的代表交通设备，绿色的代表供水系统，蓝色的代表空调系统，黄色的代表供电系统。而面向广场的西立面上则蜿蜒着一条自动扶梯和几条水平向的多层外走廊。蓬皮杜国家艺术与文化中心采用的是钢结构，由钢管柱和钢桁架梁所组成，用特殊的套管将桁架梁和柱连接起来，然后用销钉销住，其目的在于使各层楼板有升降的可能性。各层的门窗由于不承重而具有很好的可变性，电梯、楼梯由于均在外面，在使用上具有较大的灵活性，达到了平面、立面、剖面均能变化的目的。

伴随着全球环境的变化，人们的生态观念，越来越强，当前的技术运用又表现出与生态设计理念相结合的趋势，出现了双层立面、太阳能和地热能利用、智能化通风控制等一系列新技术，设计师试图通过利用新技术来解决生态问题，追求人与自然的和谐，德国柏林国会大厦改造工程就是一个典型的例子。从立面来看，德国柏林国会大厦改造主要表现为建造了一个玻璃穹顶。这一穹顶的建造运用了多种新技术，符合生态环保的要求。首先，玻璃穹顶内有一个倒锥体，锥体上布置了各种角度的镜子，利用镜子的反射功能来为下面的议会大厅提供自然光线，从而减少人工照明的能源消耗。其次，玻璃穹顶内有一个随日照方向调整方位的遮光板，并由电脑来控制导轨的移动，以防止过度的热辐射和镜面产生眩光。这些功能的实现都是建立在现代计算机技术的基础上的。此外，玻璃穹顶内的锥体还发挥了拔气罩的功能。德国柏林国会大厦的气流组织，也设计得非常巧妙，其将议会大厅通风系统的进风口设在西门廊的檐部，新鲜空气进入后经议会大厅地板下的风道及设在座位下的风口低速而均匀地散发到大厅内，然后从穹顶内锥体的中空部分排出室外，气流组织非常合理。

总而言之，现代技术的运用为室内环境创造新的空间形象、环境气氛提供了可能，能给人以全新的感受，并实现了节约资源的目的。因此，对当代室内设计的这一趋向，我们应当引起足够的重视。

（三）室内设计的环境整体性趋势

人们对"环境"一词并不陌生，但在设计领域引入环境的概念所经历的时间还不长。环境可以分为自然环境、人为环境和半自然半人为环境三类。而从室内设计师的角度来讲，其工作主要是创造人为环境。当然，在这种人为环境中也存在自然元素，如植物、山石和水体等。根据空间大小，环境又可分为宏观环境、中观环境和微观环境三个层次，这三种环境各自又有着不同的内涵和特点。

从范围和规模上来看，宏观环境非常大，其主要内容包括多个方面，如大气、太空、山川、草地、城镇等，所涉及的行业也更广泛，如国土规划、城乡规划、风景规划等。中观环境一般是指公园、社区、街道等环境，涉及的行业主要是建筑设计、园林设计、城市设计等。微观环境一般是指建筑物的内部环境，主要涉及室内设计等行业。

人类的生存行为主要与中观环境和微观环境有关，尤其是微观环境，绝大多数人一生中的绝大多数时间都和微观环境发生着直接、密切的联系，微观环境对人的影响非常大。对于微观环境，我们应当认识到其只是环境大系统中的一个子系统，它和其他子系统之间有着非常密切的关系。无论是哪个子系统出现了问题，都会对整个环境的质量产生影响。因此，各子系统之间必须互相协调、互相补充、互相促进，达到有机匹配。室内环境是微观环境的一部分，其与建筑、公园、城镇等环境存在着各种关系，只有对它们之间的有机匹配引起重视，才能创造出真正良好的室内环境。

首先，室内设计和建筑物之间的联系十分密切。室内的大小、形状、门窗安装方法，甚至整个的室内设计风格都和建筑物息息相关。室内设计质量也会直接影响建筑物的整体品位。比如著名的艾弗森美术馆，其追求的就是浑厚的风格特点，不管是其内部的空间还是整体给人的感觉都是比较浑厚的，就连其中的展品也是如此，其追求黑白的对比，笔触厚重，尺度也很大。总的来说，该美术馆的中观环境和微观环境是互相协调，有机匹配的。

其次，一个建筑物周边的自然环境和建筑物室内的设计也有着很大的关系。一个合格的设计师要善于从周边环境中获取灵感，然后创造性地对室内环境进行合理的富有特色的设计。事实上，在室内设计中，不管是其整体风格色彩的选择还是门窗的位置和材料的选择等，都和周边的自然景观息息相关。美国建筑师迈耶设计的道格拉斯住宅就是一个典型的例子。其位于哈伯斯普林的一个可以俯视密歇根湖的陡坡上，周围有着茂密的树林。在充分考虑到这一优美的自然景观后，设计师设计了一个两层高的起居室，并用大片玻璃充当墙面，使业主能方便地俯瞰美丽的密歇根湖。同时，设计师对室内的墙面不加装饰，而是使树木、湖水和变幻的天空成为室内最好的装饰，突出了自然风光，使整个设计与周围自然环境融为一体，达到了相得益彰的效果。

最后，城市环境独特的风土人情、文化氛围等会对室内设计产生潜移默化的影响。比如，作为唐朝都城的西安市，那里很多的饭店在室内设计上追求唐朝的建筑风格，目的就是从唐代文化中汲取精华，甚至有的饭店选用了兵马俑作为装饰陈设在室内，从而彰显地域特色。撇开这些装饰的实际效果，单从形式上就可以看出这是城市环境对室内设计的影响。

总而言之，室内设计是环境系统的一个组成部分，坚持从环境整体性出发对创造出富有整体感、富有特色的内部环境具有非常重要的意义。

第二章　室内设计追根与溯源

第一节　原始社会

一、原始社会时期的建筑形式

（一）穴居

竖穴与横穴是穴居的两种形式，人类穴居较早的做法是掏挖横穴，然而这种方法受到一定地理条件的制约与影响，对地质地貌有着严格要求，必须是黄土断崖才能使穴居得以建成。为了便于生产，人们在近水的黄土高地上垂直下挖形成一定的空间，便产生了竖穴，穴口上再使用树枝、茅草等搭建顶棚构成实用的空间，用于居住和储藏。穴内用柱子支撑着顶棚，柱子可兼作简易木梯供人出入，屋顶面则用植物茎叶铺装。

（二）半穴居建筑及地面建筑

为了使地穴内的潮湿、采光与通风等问题得以有效解决，半穴居的形式出现并逐渐取代了以往的竖穴。通常来说，半穴居分为上部分与下部分，上半部分运用一些材料将顶部与四周围合起来构成一个相对封闭的空间，下半部分是挖掘的地坑。此类建筑通常适用于北方寒冷地区，对于防寒保暖起到重要作用，在设计原理上与陕甘宁地区的窑洞极为相似。

随着人类生活经验的积累以及科学技术的不断发展，地穴挖掘的深度越来越小，人们采用小柱将房屋的四周紧密地围合起来构成屋身，为了防止雨天屋顶漏雨将其设计为锥形。之后随着人们经验与制作技术的不断丰富与提高,房屋的建造逐渐脱离了地穴,而直接在地面上加以建造。从室内设计形式分析,方形与圆形是早期主要的建造形式,其中以圆形空间设计居多。到仰韶时代晚期,地面房屋逐渐变为主体建筑形式,半地穴式房屋逐渐退出历史舞台。

用于居住的半地穴式房屋,面积多为 10 ~ 40m²,房屋内部设计形式并不重要,其内部都设有一个火塘,并且打造了较为狭窄与独立的空间。通常来说,圆形房屋为了区分室内不同部位和功能的空间,在门内两侧分别设有隔墙,在视觉上打造一个由内而外的室内缓冲空间,其功能与"门厅"极为相似。由此,室内空间被这两堵隔墙划分为两个不同的室内空间,从而形成两个内室,为了在视觉上营造出较为开阔的空间效果,两侧隔墙被设计为不平行状,看似一个梯形空间。在没有封闭室内空间或者安装房屋门扇之前,隔墙背后的空间由于位置的特殊性已经初步具有了卧室功能。而在设计方形房屋时,为了能够形成一个由外而内的缓冲空间,并防止雨雪天气对室内造成影响,进入主空间之前的位置设有门道雨篷,使得室内空间看起来更加安全与隐蔽,既保护了个人隐私,又因封闭空间起到防风保暖的效果。但是过于狭长的空间在视觉上不够完美,因此室内入口的门道处设置了隔墙,从而形成了与圆形房屋在功能上相类似的"门厅"。

还有一类公共建筑,与通常人们所居住的房屋有所区别,这在体量与空间方面的表现尤为明显,因这类公共建筑在整个聚落中使用面积是最大的,所以被称为"大房子"。半坡"大房子"遗址复原后的面积约 160m²,4 个中柱直径近 0.5m,外围泥墙高约 0.5m、厚 0.9 ~ 1.3m,内部由木骨泥墙分隔为前部1 个大房间与后部 3 个小房间,初具"一堂三室"的雏形。其中,位于前部的大空间通常用于族群举行仪式或者人员聚会,而用于人们日常休息的场所大部分情况下是后部的 3 个小空间。"大房子"往往位于整个聚落的中心,其余小房子位于其周围。

(三)干栏式建筑

干栏式建筑多指栽立柱桩、架空居住面的房屋,是由早期的巢居发展而来的,在我国长江流域及其以南地区存在时间比较长。这种房屋由于可以有效起到防潮通风的作用,适用于地势较低以及炎热的潮湿地带,通常属于架空式的木结构建筑。

河姆渡遗址第四文化层遗留下来的一批干栏式长屋距今大约已有 5000 年

的历史，是我国迄今为止发现最早的一批干栏式建筑。其主要建筑材料为木材，主要建筑结构分为树皮屋面、席箔（席壁）、地板、大梁、柱、桩等。从桩木的布置来看，一座干栏式建筑房屋前檐有 1.3m 的走廊，其进深大约有7m，而仅仅是残留下来的建筑长度就有 25m。在出土的木构件上依稀可见榫卯结构，并且在梁头榫上还发现有销钉孔，在这一时期的建筑中同时发现有企口板。榫卯结构等多种木构件的出现，表明当时建筑技术已有很大的进步。

二、原始社会时期的装饰陈设

（一）装修与装饰

原始社会时期的房屋都是土地面。在新石器时代早期和中期，穴底大都经过夯实和烤火，有些地面还用火烧过的土块做垫层，从而达到防潮和防水的目的。在新石器时代后期，先民们已学会使用石灰。龙山时期的建筑地面和墙面都有一层白灰面，白灰面可防潮，也使得室内清洁明亮。

早期的房屋墙壁大多是用树枝编成的，然后在内壁抹上泥土。与地面装修的演变相对应，火烤的土墙面和白灰墙面相继出现。

此外，原始社会时期的建筑已有了简单的装饰。在我国的北首岭遗址以及姜寨遗址的室内墙壁上均发现了二方连续纹样，纹样图案为几何形泥塑，并且图案中还有压印的圆点以及刻画的平行线；在半坡遗址中的房屋墙壁上发现有锥刺纹样等。新石器时代晚期，室内装饰又有了新的发展，有的白灰墙面上有刻画的几何形图案，还有的白灰墙面上出现了用红颜料画的墙裙。

（二）室内陈设

以陶器为代表的原始社会时期的工艺品，既具有实用性，又具有艺术性。因此，它们不但是各种生产、生活用具或器物，也可作为室内陈设用品。陶器在原始社会时期先民们的生活中，特别是在农业生产和定居生活中占有重要的位置。在已发现的陶器中，最著名的是彩陶和黑陶。

彩陶最早发现于河南渑池县的仰韶村。彩陶造型分别有盆、钵、瓶、罐、壶等，细泥橙黄色陶是其主要材料，其外表的光泽感较强，其纹样大多采用黑彩进行描绘，如舞蹈纹、蛙纹、人面纹、方格纹、旋涡纹、波纹、圆点纹、条带纹等，笔法技术成熟，构图严谨。在出土的彩陶中可以发现其图案设计具有极强的韵律感，采用的方法一般为以点定位法，以使画面得以延展，视觉上极具动感之美。图 2-1 和图 2-2 所示分别为仰韶彩陶——人面鱼纹盆和葫芦折线纹壶。

图 2-1　仰韶彩陶——人面鱼纹盆

图 2-2　仰韶彩陶——葫芦折线纹壶

黑陶是陶胎较薄、胎骨紧密、漆黑光亮的黑色陶器。黑陶出现在新石器时代晚期的大汶口文化、龙山文化和良渚文化等遗址中。黑陶技艺的出现是我国人类文明发展史上具有里程碑意义的事件，也标志着我国制陶技艺的重大飞跃。

黑陶有细泥、泥质和夹砂三种，其中以细泥薄壁黑陶制作水平最高，有"黑如漆、薄如纸"的美称。这种黑陶的陶土经过淘洗、轮制，胎壁厚仅0.5～1mm，再经打磨，烧成后漆黑光亮，有"蛋壳陶"之称。新石器时代晚期的黑陶以素面磨光的居多，带纹饰的较少，有弦纹、划纹、镂孔等几种（图2-3）。

图 2-3　龙山黑陶

第二节　奴隶社会

一、奴隶社会时期的建筑形式

（一）夏代

夏代曾先后在阳城、安邑等地建都。在河南登封高成镇北面嵩山南麓王城岗发现了 4000 年前的遗址，这可能是夏朝初期的遗址。其中包括两座城堡，西城平面略呈方形，筑城方法比较原始，是用卵石做夯具筑成的，这说明夏代已有筑城经历。从河南偃师二里头发掘的两座大型宫殿基址来看，夏末已有宫殿、宗庙等建筑，且比夏初规模更大更豪华。

（二）商代

商代前期的城址已发现了多座，分别为河南郑州商城城址、河南偃师尸乡沟商城城址、湖北黄陂盘龙城城址；晚期的是河南安阳殷墟城址，这些城址中都有宏伟的宫殿。其中河南安阳殷墟城址范围大约有 30km²，东面与北面是墓葬区，南面与西面是冶铜、制骨区，城址中部与洹水紧密相邻，曲折的部位建造有宫殿。

（三）西周

西周的建筑有两部分：一部分是商灭之前的西周原建筑，另一部分是商灭之后的丰镐建筑。前者主要是周公在周原营造的都城，原址位于今天的陕西扶风与岐山一带。作为一座具有严整结构的四合院式建筑，岐山凤雏遗址是由两进院落组成的。湖北蕲春西周木架建筑遗址内留有大量木桩、木板及方木，并有木楼梯残迹，故推测该遗址是干栏式建筑。类似的建筑在附近地区及荆门市也有发现，说明干栏式木构架建筑可能是西周时期长江中下游一种常见的居住建筑类型，对照浙江余姚河姆渡原始社会建筑，可以看出两者存在渊源关系。

另外，瓦的发明是西周在建筑上的突出成就，制瓦技术是从陶器制作发展而来的。

二、奴隶社会时期的装饰陈设

（一）装修与装饰

夏商与西周时期的建筑，平面大都为矩形，尺度较大，有的还有前廊和围廊。从内部空间来看，这一时期的建筑已将"开间"这一概念引入建筑设计，使得房屋的室内空间功能区的划分更为合理。"前堂后室"的空间布局是中国宫殿的最初形态。到了商代，"堂"和"室"分别布置在不同的建筑中。综合以上来看，这一时期建筑空间组织的发展使功能划分更加明确；因功能性质的不同，分别采用了开敞式空间和封闭式空间；房间比例良好；突出了"堂"的地位；回廊设置合理。平民的住屋也有了很大的进步，在丰镐遗址中发现了一种土窑式建筑，这种建筑在当今的陕北、豫西等地仍然很流行。从外部空间来看，夏商与西周时期的宫殿建筑，大致都采用庭院式布局。庭院作为室内空间的延伸和补充，不仅具有独特的实用价值，也能烘托一种宁静的气氛。

夏商与西周时期的建筑，可以明显划分为台基、屋身、顶层三大段。这是传统建筑的一个重要特征。这一时期，夯土技术发达，故许多建筑都建在高台上。到西周时期，夯土墙、土坯墙的应用范围极为广泛。夯土墙两侧为夹板夯筑，夯锤也由原来的单锤发展至多头锤。墙面装饰在继承原始时代木骨泥墙做法的基础上，出现了涂墁做法，即用细泥掺和沙子、白灰泥来涂饰墙面，还对墙面和木构件进行彩绘或者雕刻美化。涂墁也应用于地面，地面颜色常为黑色。

这一时期的装饰题材和纹样大致分为四类：一是自然界中实有的生物，二是自然界中实有的现象，三是现实生活中实有的器物与几何纹，四是看似动物但现实中却不存在的神秘纹样。

（二）室内陈设

斗拱是中国传统建筑中最具特色的要素。其本身为结构构件，为支撑屋檐而设计。斗拱具有实用性与装饰性。最初的斗拱都在屋檐下，不属于室内装修要素，后来逐渐发展至室内，因此成了室内装修的一部分。魏晋之前，人们都是席地而坐的，因此，夏商与西周时期的家具虽有不少类型，但是不完善。现已发现的陕西陶寺出土的数件木案（图2-4）为夏代家具。根据甲骨文残片记载发现，商朝已经有了床。商代的陶器发展有两项成就：一是出现了原始瓷器（图2-5），二是出现了刻纹白陶（图2-6）。织物有丝织品和麻织品，青铜器（图2-7）数量众多且形质兼备。

图2-4 夏代木案

图2-5 原始瓷器　　　图2-6 刻纹白陶　　　图2-7 青铜器

第三节　封建社会

一、封建社会形成期

（一）封建社会形成期的建筑形式

春秋时代的大小诸侯国争建自己的国都和小城廓，城池规模不一，规划也不合乎西周之制。现已发现的城址有洛阳王城、临淄齐城、邯郸赵城等。有城就有宫、室、苑、台、榭。此时的宫殿大多为高台建筑，重要的建筑均布置在中轴上。春秋战国时期斗拱的应用更普遍，建筑装饰更华美，土坯墙和版筑墙的技术更成熟，宫殿建筑的屋顶几乎全部用瓦。园、囿观念早已形成，如周文王造灵台、灵沼等，至春秋战国时期，园林建筑已具有更多的世俗性。

秦朝都城咸阳在布局方面极具独创性，主要表现为将离宫修建在渭水南北两侧较为广阔的地域，摒弃了以往的城郭制度。在辽宁绥宁渤海湾西岸发现了秦始皇东巡碣石时所建的行宫遗址，即姜女石遗址碣石宫，占地约 150 亩，前殿面积最大，地势最高，其余房屋形成大小院落，分布于前殿后侧。殿区及各建筑的散水、排水管、涵洞等设施较为完备。

拱券结构与砖石建筑在汉朝有了长足的进步，木架建筑技术日趋成熟。通过汉代画像石、画像砖等间接资料能够发现，穿斗式与抬梁式两种结构形式在当时已经出现。作为中国古代木架建筑中具有代表性的结构，斗拱在汉代已普遍使用，但远未像唐、宋时期那样达到定型化程度，其结构作用较为明显。木结构技术的进步也使得屋顶形式多种多样，如在宫殿建筑中悬山顶和庑殿顶的普遍使用。

总的来说，秦汉建筑有以下发展成就：一是类型丰富；二是建筑技术进步；三是中国传统建筑的构图方式基本确立；四是群体布局更受重视；五是更注重色彩与装修，建筑与绘画、雕刻工艺相结合。

（二）封建社会形成期的装饰陈设

1.装修与装饰

春秋战国时期，建筑平面日趋多样化。居住建筑有圆形、双圆相套、方形、矩形等多种平面形式。秦汉建筑无论是宫殿还是住宅大都采用矩形平面。此时住宅中已有"一堂二内"的雏形。功能更加复杂的宫殿和庙宇，也是遵循公开和私密部分相分离，即内外有别的原则组织的。此时回廊和庭院式布局已经很普遍，高台建筑和苑囿又兴盛起来。

秦汉建筑的内部空间结构与建筑的规模、性质密切相关，其功能划分有几个不同的层次。大者为巨型组群，次之为若干院落，再次为单体建筑，最小空间为建筑中的堂室。但不论大小如何，秦汉建筑均将堂室分开，即采取"前堂后市""前朝后寝"的形式。秦汉建筑群体的组织形式大致有三种：一是"外实内虚"，即所有建筑都将门窗开向院落，而院落是空心的，呈向心状布置；二是"内实外虚"，即主要建筑位于院落中心，周围建筑尺度小且气势弱，秦汉礼制建筑大多采用这样的结构；三是"自由式"，即内外空间视情况灵活布局。此外，虽然在秦汉时期借景手法在理论和实践上都不成熟，但建筑中已出现借景的迹象。秦代宫室的布局追求与天同构的意境，即极力模仿天象。

（1）墙体。春秋战国时期的建筑继承了前代的建筑技术，在砖瓦及木结构装修上又有新的发展，出现了斗拱装饰用的初始的彩画。秦汉宫殿的墙壁大都由夯土和土坯制成，其表面先用掺有禾茎的粗泥打底，再用掺有米糠的细泥抹面，最后以白灰涂刷。另一种方法是以椒涂壁法，人们将这种宫室称为"椒宫"。还有一种是彩色壁画，壁面刷白后，分别于不同方位涂上不同颜色。秦汉时期开始用比较正规的藻井彩画装饰木构件，并以金银珠宝做装饰，以显示建筑之高贵。

（2）地面与木结构。春秋战国时期出现了专门用于铺地的花纹砖。秦汉时期多用铺地砖的方法铺装地面，用兽毛和丝麻织成的毡与毯铺地。

（3）壁画。春秋战国时期已经出现了壁画，它们不但具有装饰作用，还具有教化意义。秦汉时期是中国绘画史上一个繁荣而充满生机的阶段。壁画内容主要为历史故事、功臣肖像、生活情景等，以写实画法为主，一般画在某面墙或四面墙上，或画在藻井上。此外，该时期还出现了画像石和画像砖。

（4）纹样。战国时期的纹样形象生动，装饰性强，贴近生活，少了商代的神秘气息，此时应用最多的是饕餮纹。秦汉时期的纹样大多体现在织物上，仍以几何纹、自然纹和动物纹为主，但更加生动和图案化。此外，其将文字运用到装饰中，使得构图更加严谨，图面更加匀称。

2. 室内陈设

（1）春秋战国时期的斗拱比之前的斗拱更完善。此时已有多种木工工具，大大促进了家具的发展。战国时期木制家具有几、屏风、竹席、案、架等，青铜家具已逐渐减少。铜器铸造技术变得更加成熟与多样。丝织物精美，漆器品种多样。考古发现了当时的四种铜灯造型，即豆形灯、簋形灯、连枝灯、人形灯。此时盆栽、盆景也已具雏形。

（2）秦汉时期斗拱已基本成型，逐渐用于室内装修。茵席分为筵和小席，前者铺在地上，后者作为坐垫。床向高型化发展，榻向大型化发展，并以床榻为起居中心，此时已有胡床。因家具向高型化发展的趋向，床前和榻前设几、设案的情况也多了起来。箱、柜的使用大约始于夏、商、周三代。古代的箱原指车内存放衣物的地方，而古代的柜才类似于今天的箱。汉代的柜，门向上

51

开，主要用于存放衣物。汉代已普遍使用屏风，从材质上看，有木屏风、玉屏风和云母屏风等；从功能上看，秦汉屏风有座屏、床屏和折屏。铜器，如铜镜和铜炉，已脱离庙堂进入人们的日常生活。漆器已经代替了青铜器，相比战国时期品种更为丰富。

考古发现的秦代铜灯有鼎形灯，汉代铜灯有器皿形灯、动物形灯、人物形灯、连枝灯。汉代丝绸之路的开拓，促进了纺织品的发展，增加了室内环境的装饰元素，如帷幔、帘幕等。

二、封建社会分割期

（一）封建社会分割期的建筑形式

在我国历史发展进程中有一段相当长的时期，北方地区战事频发、政治不稳定，社会长期处于四分五裂的状态，这就是东汉至魏晋南北朝时期。战争导致社会民不聊生，迫使大量人口由北向南转移，使得当地的经济、技术以及文化都得到了不同程度的发展，由于南方战事较少，为当地经济文化发展提供了良好的社会环境。而北方地区则不同，连年战乱导致经济严重衰退，人口锐减，这一情况直至北魏时期才得以改善，国家的统一促使社会经济逐渐得以恢复。

这一时期，社会生产的发展比较缓慢，建筑主要是继承和运用汉代的成果，城市规划与建设没有突出的成就。而佛教的传入使得我国文化、建筑等领域得以发展，具体表现为中亚、印度一带绘画与雕刻艺术的引入，使得我国文化艺术获得了一定程度的发展，佛家建筑被大肆兴建，如佛寺、石窟以及佛塔等。园林在这一时期获得了新的发展契机，私家园林逐渐以士人园林为主。

（二）封建社会分割期的装饰陈设

1. 装修与装饰

（1）墙体。此时的建筑多在墙上、柱上及斗拱上面做涂饰。

（2）地面。地面以土、砖为主。

（3）纹样。纹样在承袭秦汉传统的基础上增加了许多具有佛教色彩的图案，如莲花、火焰、飞天等。

（4）壁画。壁画继承并发扬了汉代的绘画艺术，并逐渐成为独立的艺术门类，题材多样，侧重表现现实生活，特别重视肖像画。

（5）斗拱。此时许多木结构表面都绘有绚丽的彩画，彩绘纹样多为二方连续展示的卷草、缠枝等，高雅华美，为隋唐时期的装饰风格奠定了基础。

2.室内陈设

这一时期的高型坐具有凳椅、胡床和筌蹄。家具沿用秦汉以床榻为中心的陈设方式，床的尺寸相对来说更大一些，并有了汉代少见的架子床。几案有了新发展，出现了弧形几和陶凭几，书案多用直腿带托泥。此时屏风依旧流行；已有制作工艺达到完善阶段的青瓷，并逐渐取代铜器和漆器；还有黑釉瓷、黄釉瓷和白瓷，为生产彩瓷创造了条件。

此时的器物有罐、尊、壶、碗、盘、盂、熏炉、洗、灯等多种类型，造型重实用，风格更朴素；丝织技艺有了进步，加入了西方文化元素；铜镜类型众多，沿袭东汉的式样和做法；仍有铜灯和陶灯，但瓷灯已有取代铜灯的趋势；酊也开始被使用，并有了多种造型的烛台。

三、封建社会繁荣期

（一）封建社会繁荣期的建筑形式

隋唐五代时期，是封建社会的繁荣阶段。在建筑上，五代时期主要是唐代建筑风格的延续，并没有进行过多的创新，其发展主要表现在砖木混合结构塔以及南唐、吴越的石塔方面。

隋唐时期的城市中最主要的是两都，即长安和洛阳。长安与洛阳的主要宫殿是长安的太极宫、大明宫和洛阳的洛阳宫。隋唐的木结构建筑在技术和艺术方面已经完全成熟，园林建设达到全盛阶段，包括极具气派的皇家园林、造园艺术精湛的私家园林和兼有城市公共园林性质的寺观园林。隋唐住宅已无实物，资料主要来源于绘画等。总体来说，隋唐建筑具有以下特点：第一，具有鲜明的时代特色以及创新精神；第二，建筑风格讲究统一性，具有质朴、自然、雄浑、豪爽的气质；第三，规模宏大，恢宏壮阔；第四，建筑的装修水平和相关艺术水平很高。

（二）封建社会繁荣期的装饰陈设

1.装修与装饰

（1）墙体。隋唐建筑的墙壁多为砖砌，宫殿、陵墓尤其如此。木柱、木板常涂成赭红或朱红，土墙、编笆墙及砖墙常抹草泥并涂白。

（2）地面。地面多用铺地砖装饰，有素砖、花砖两类，花砖的花纹多以莲花为主题。

（3）顶棚。顶棚的做法主要有"露明"和"天花"。天花按做法分为软性天花、硬性天花和藻井。

（4）壁画。隋唐五代的壁画在中国艺术史上占有重要的地位，主要有石窟壁画、寺观壁画、宫殿壁画和墓室壁画。此时的壁画仍然保持着注重表现现实生活的传统，艺术水平更高。

（5）斗拱。唐代初期，斗拱技艺已经进入成熟阶段，至盛唐时期，该技艺的应用已经到了炉火纯青的地步，主要表现为如下几方面：其一是悬挑、承托功能的完善；其二是规范化斗拱系列的形成以及形制的完备；其三是斗拱托架已经发展成整体框架，摆脱了以往孤立的节点托架模式。

（6）纹样。隋唐五代的装饰纹样题材丰富，格调明朗，构图严谨，与此前的纹样相比，具有更强的生活气息，主要有几何纹样、动物纹样、植物纹样、表现人物故事和神话传说的纹样。

2. 室内陈设

隋唐时期的家具雍容华贵，装饰纹样以繁缛为美。这种室内家具陈设风格一直沿用至五代时期才由繁缛美转为简洁美，为后来宋代家具风格的确定奠定了基础。

这一时期坐凳种类繁多，有四腿小凳、圆凳、腰凳和长凳；椅子有扶手椅、圆椅、四出头官帽椅和圈椅等多种类型；床有四腿式和壸门台座式两类；案有平头案和翘头案，书案演变为直腿带托泥，案面转化为翘头的或卷沿的，桌案已进入高型家具的行列；箱有木质、竹质、皮质三类，且有长方形和方形盝顶等不同形式；柜多为木制，板作柜体，外设柜架，多数横向设置，有衣柜、书柜、钱柜等多种类型；唐代屏风以立地屏风为多，主要有两类，即折屏与座屏，其木制骨架以纸或棉裱糊，士大夫比较喜欢素面的，而其上绘以山水花鸟也是一种风格；金银器工艺精美，生产规模宏大；唐代铜镜在造型上已突破了汉式镜，如菱花镜、葵花镜、方形镜等。

唐朝时期陶器器型增多，多带手柄，注重实用功能，大量采用生活气息浓郁的花草题材，造型设计更加丰富多彩，多采用仿生造型，其中最著名的是唐三彩。织物主要被用作幔帐，形成虚空间，其次用作桌布和板凳垫，最后是作为小饰物。室内引入了山、石、水、花等景物，如根雕、盆花。宫廷中出现了照明和装饰并重的宫灯，民间多用瓷灯、陶灯和石灯。此外，因为蜡烛的出现，承托蜡烛的烛台相继出现。

四、封建社会融合期

（一）封建社会融合期的建筑形式

辽、宋、夏、金时期是民族融合进一步加强和封建经济继续发展的阶段。

两宋时期，城市结构和布局发生了根本变化，突破了唐代的里坊制度。木架建筑采用了古典的模数制，北宋时颁布的《营造法式》总结了木结构建筑的形制和做法。在建筑组合方面，为了衬托主体建筑，总平面设计加强了进深的空间层次。建筑无论在色彩方面还是在装修方面均有了很大的发展。砖石建筑的水平发展到了一个全新的高度。在住宅建筑方面，平民住所多采用四合院的组合方式，贵族官僚的宅院内居住面积增加，回廊多被廊屋所代替。南宋时，住宅与自然环境相结合，大多依山傍水。宋代的私家园林建造达到了一个新高度，数量和质量均有所提高，最终超过皇家园林成为中国园林的新主流。

由于辽代的工匠大部分是汉族，因此该时期的建筑延续了唐朝时期的建筑风格与传统做法。辽代墓室除采用方形、八角形平面外，还采用了圆形平面，这是一大特色。金朝建筑既沿袭了辽代的传统，又受到宋朝建筑的影响，建筑装饰与色彩比宋代更富丽。西夏时期的佛教盛行一时，建筑风格深受吐蕃以及宋代建筑的影响，具有鲜明的汉藏文化的双重内涵。金中都的宫室形制与汴京的大致相同，大安、仁政二殿均呈工字形。西夏都城为兴庆府，但西夏宫室和平民住宅的具体形象难以考证。西夏的主体民族党项族，以游牧为主，其住房既有木结构的，也有传统的毡帐。

（二）封建社会融合期的装饰陈设

1.装修与装饰

（1）顶棚。将梁架暴露在外，不做吊顶，以凸显其结构美，这是宋代、辽代以及金代殿堂建筑的一大特色。当然也有少数建筑设有吊顶，当时人们称其为天花。吊顶虽然遮挡了梁架，但能使空间变得更加整齐和完美。之前的藻井多为"斗四"，宋代设计为斗八藻井，这是一种传统的顶棚装饰部分，人们通常会将其设计为向上隆起的井状，其中有方形、圆形以及多边形凹面，周围装饰有彩绘、雕刻与花纹。

（2）斗拱。斗拱技艺在宋代与辽代等时期发展不平衡，表现为边远地区大部分保留着唐代的风格，而中原腹地的建筑风格变化较为明显。此时斗拱构件名称较为生涩，种类相对繁杂。该时期斗拱的装饰作用较为明显，纤细柔弱，与唐代雄浑舒朗的风格形成了鲜明的对比。除此之外，斗拱式样也更加复杂。

（3）彩画。宋代及其后的彩画在部位方面，以阑额为主；在技法方面，使用较为普遍的是晕法；在构图方面，没有特定的规则，布局较为自由；在色彩方面，主色调为青绿色；在纹样方面，以几何纹样与花卉纹样为主。

（4）雕饰。唐朝时期雕刻技术发展成熟，到了宋代，这一技术已经被广泛应用于室内外。此时的室内木雕已经有了圆雕、高浮雕、线浮雕、平雕、线刻雕等不同种类，而室内石雕则以须弥座与柱础为主。砖雕有两类：一类是先磨制后烧造，另一类是在烧造好的砖上雕花饰。玉离趋向写实，题材更加世俗化。

（5）壁画。宋代壁画技艺成熟，风格写实，细致严谨，生活气息浓，民族特点强，比唐代壁画世俗化，但不如唐代壁画简练、有气魄。辽代壁画承袭了唐代及五代之风，并受到宋代中原文化的影响，壁画内容以描绘本民族生活为主，以人物居多，鞍马相随，有较强的装饰性。

2. 室内陈设

两宋床榻大体上承袭了唐代与五代的遗风，但更显灵活、轻便和实用。床榻大多没有围板，称为"四方床"，辽、金的床榻内有栏杆和围板。此外，南方还有竹榻和凉床，北方则大多用火炕。宋代，矮几逐渐被高桌所代替，方桌已经普及，箱、柜、橱造型简洁，讲究实用性，有的还有两层或三层抽屉。

多屏式与独屏式是宋代屏风的两种主要形式，山西大同金代阎德源墓出土的木屏属于独屏式的屏风。与唐朝相比，在形制方面，宋代屏风已经有了长足的进步，无论是装饰还是造型方面都更为丰富。就底座来说，其造型已经发生了明显的变化，从汉唐时期简单的墩子发展为由不同构件组成的屏风，具体包括窄长横木、桨腿以及桥形底墩，自此屏风底座的基本造型基本形成。这种屏面宽大、底座低窄的屏风造型给人以稳定之感。

东周至春秋时期均有关于挂衣设施的记载，但均无遗存或图像。宋代的架类家具不仅品种全，而且造型美。宋代普遍使用椅子，其结构、造型和高度与现代的椅子很接近，此时流行一种圈背交椅，称"太师椅"。

宋代工艺美术的成就集中体现在陶瓷上，包括汝窑瓷、官窑瓷、耀州窑瓷、龙泉（哥窑）瓷、定窑瓷、钧窑瓷、三彩釉陶，这些瓷器已经成了当时室内陈设的重要内容。宋代铜器数量较大，制作技术也有所提高，金银器以酒具居多，漆器以造型取胜。宋代织物品种多样，纹饰活泼，不仅用于服饰，还大量用于书画装裱和室内陈设。宋代的书画市场繁荣，收藏书画装饰自己的居室是统治阶级和上流社会的一种爱好和风尚。

宋代夜生活的发展促进了灯具的进步，此时的瓷灯虽比隋唐的矮小，但类型丰富。辽、金的瓷灯除与宋代的瓷灯相似之外，还有一些奇特的造型，此时也有一些铜、铁、银等金属灯和石灯。

五、封建社会衰落期

（一）封建社会衰落期的建筑形式

元、明、清时期是我国封建社会的晚期，政治、经济、文化的发展相对落后且迟缓，部分地区的经济文化呈现出倒退的现象，故该历史时期的建筑也受到影响，发展较为缓慢，其中表现尤为突出的是元朝与清朝末期。

元代建筑受多元文化影响，呈现出许多奇异的形态。元代著名的元大都是仅次于唐代长安的中国第二大帝都，其宫殿的形式基本上继承了宋、金的形式，但更加宏伟华丽，还反映了草原民族的习俗。元代的平民住宅多采取蒙古毡帐的形式；墓室较为简单，远不能与汉唐相比。总体来说，元代建筑既有继承也有发展。

明清建筑在中国古代建筑史上达到了一个新的高峰，表现为基于元代建筑风格与特色实现了建筑技艺的传承与创新，尤其是在世俗化与定型化方面。明清时期的宫殿与都城，在思想上表现为皇权至上，并且由于当时国家从工匠技艺到物力再到财力均达到了顶峰，当时的建筑在世界范围内都是极具影响力的。明清住宅多种多样，难以分类，除少数民族的民居外，仅汉族民居就有北方院落民居、南方院落民居、南方天井民居等诸多种类。

（二）封建社会衰落期的装饰陈设

1.装修与装饰

（1）墙体。元代建筑的柱面以及墙面大部分采用的是琉璃、云石装饰，织物也是当时常用的装饰材料之一，建筑墙体上还有金银甚至金箔的装饰物。对于较为讲究的大型建筑，通常裱的是银花纸，裱大白纸则是小型建筑常用的装饰手法。有些高级建筑，通常在内墙的下部做护墙板，柱子的表面大多做油饰。

（2）地面。大理石、瓷砖基本上是元代建筑的地面使用的材质，然而大部分情况下使用的是地毡。明清时期，建筑内部多用砖铺饰地面，以方砖居多，有平素的，也有模制带花的。

（3）顶棚。在顶棚上张挂织物是元代建筑的一大特色。明清时期的大型建筑顶棚有以下做法：一是井口天花，二是藻井，三是海墁天花，四是纸顶。

（4）壁画。元朝统治者崇尚薄葬，墓室建筑简陋，随葬品极少，因受汉族影响，有些官员的墓室中绘有水平较高的壁画。壁画至明代已经衰落，但由于明代壁画的作者大部分为民间工匠，壁画中的世俗部分仍有一定的发展。清代壁画继续式微，但因为清王朝的皇帝信奉喇嘛教，在少数民族地区也有越来越多的承袭元代传统的壁画出现。此外，无论是民间传说还是戏曲故事都体现着壁画中的内容，壁画进入王朝的宫廷，并采用了西洋的透视技法，其题材主要以戏曲故事与小说为主。

（5）雕饰。明清时期的石雕柱础式样尤为丰富。木雕无论是在技法方面还是在题材方面都取得了长足的进步，其主要作用体现在室内空间环境的分隔与美化方面。室内木雕多运用于隔扇、罩和梁柱上，藻井是木雕与斗拱、木作的结合，雕刻题材多为龙、云等。此外，匾额四周也常用木雕做装饰。

（6）斗拱。明清时期斗拱的改变主要体现在四个方面：其一，外观规模由大变小，表现出众的地方有所减少，高度有所降低，尺寸变小；其二，补间增多，使檐下斗拱密密麻麻，再无舒朗的感觉；其三，结构方面的功能有所减弱，表现在以往具有一定功能的结构构件基本变成装饰品；其四，斗拱高度标准化的做法、用料节省了不少烦冗的程序，使得各方面成本有所降低。

（7）彩画。建筑美在元代和明代得到了充分展现，其中最为明显的是彩画的运用。元代的彩画与宋代相比有了明显的进步与革新，具体表现在梁枋彩画中枋心的构成格局，以及梁枋彩画的藻头、盒子及箍头。元代彩画在用色方面与元代相比也有了很大程度的创新与突破，其表层图案以青花绿叶为主，梁枋藻头大部分采用的是朱色底，这在宋代是极为少见的。而明代彩画的成就主要基于元代彩画中旋子彩画的萌芽。

旋子彩画与云龙包袱彩画是明代彩画的两大主要类型。其中，旋子彩画多见于宫殿以外的建筑，用金量较小；而云龙包袱彩画由于属于宫廷专用彩画，用金量相对较大。基于明代彩画技艺与特色，清代彩画已经取得了长足的进步，可以说，其技艺水平已经超过了以往任何一个朝代，是我国建筑绘画史上的高峰。

从形式上看，清代彩画与以往相比更加程式化与规范化，对图案纹样的用金部位、题材范围、色彩搭配、工艺做法等都有一整套较为严格的等级规定。因此，油漆彩画行业将旋子彩画与和玺彩画的做法统称为做规矩活。

通常来说，清代彩画大体上可以划分为三种类型：其一是苏式彩画，也就是园林彩画；其二是旋子彩画；其三是宫廷彩画，也称为和玺彩画。不同种类的彩画都有不同等级的做法。

（8）空间分隔物。空间分隔物通常用于内檐装修中。明清时期的室内空间分隔物形态各异，种类繁多，主要包括几腿罩、栏杆罩、落地罩、飞罩、碧纱橱、博古架、屏板和帷幕。

2. 室内陈设

（1）陈设方式

明清时期的室内陈设方式大致有两种：一是对称式，常常用于比较庄重的场所；二是非对称式，常常用于民间以及某些休闲型建筑。宫邸、王府以及民居的堂屋也用中轴对称的格局。这些都体现了明清建筑受儒家思想的影响之深。

（2）陈设内容

①元代。元代家具主要继承了宋代与辽代的陈设方式，与其他朝代相比没有过多的创新，仅仅在结构与类型方面有部分细微的变化。元代家具中有一种带抽屉的桌子，其特点是桌案四周有一圈出挑的沿板。元代的金银制品制造精美，主要用于宫廷陈设。元代时仍然使用屏风，并以挂画做壁饰。元代的青花瓷器最为著名，在中国陶瓷史上具有划时代的意义。元代的丝织物中通常加织金银线，此时刺绣工艺也很发达。

②明代。明代的床榻分为罗汉床、架子床、拔步床三大类，其中架子床较为常见。明代的罗汉床又称弥勒榻，在古代经常被僧人用来谈经论道，从外形来看，三面环绕设置有低矮的围屏。通常情况下，其主要装饰纹样均呈现在围屏上，图案设计精美，一般可见采用透雕技术的花卉图案，床腿也装饰有浮雕，而床的腿足部位则主要设计为涡纹足与三弯腿。罗汉床的功能体现在坐卧皆可，在众多厅堂家具中是极为讲究的一类。与罗汉床有所区别，架子床的四

个角设有立柱，并在顶部设有顶盖，老百姓称之为"承尘"，由于其上有架子，因此得名架子床。明朝时期架子床的床围矮屏上设有透雕，顶盖的挂檐上也设有透雕装饰，床的腿部则以粗壮的三弯腿居多，体现了稳重简朴的风格，突出了透空的艺术效果。与前两种床型不同的是，拔步床的床体在所有床榻中属于体型最大的。具体来说，其形状宛若居室一般，中部设有床门，上部设有顶盖，四周设有低矮的围屏，床前设有浅廊，床下设有底座。明代拔步床的鲜明特征便是千字纹装饰。

有靠背的坐具统称为椅，交椅、圈椅、扶手椅以及靠背椅是明代椅子的主要形式。从本质上看，交椅是指有靠背的小型坐具，类似于有靠背的马扎，主要有圆后背交椅与直后背交椅两种类型。圈椅因靠背如圈而得名。此外，官帽椅与玫瑰椅是扶手椅的常见形制。有靠背无扶手的靠背椅，其主要类型包括木梳背椅、灯挂椅等。

凳子是由上床使用的蹬具发展而来的，因此没有靠背的坐具便成为凳子。在明朝时期，圆凳与方凳都是凳子主要形制。除此之外，还有雕饰华丽、形制特大的坐墩与宝座。

各类几案与桌子都属于桌案类家具，包括供桌、琴桌、棋桌、书案、书桌、画案、画桌、香几、架几案、翘头案、手头案、抽屉桌、月牙桌、条案、条几、条桌、半桌、方桌、炕案、炕几、炕桌等形式。在我国北方地区，许多家庭都会使用一种名为矮桌的家具，因其使用地点在炕上而得名炕桌。炕桌由于体型较小，携带方便，深受北方人民的喜爱。通常来说，明朝时期的炕桌在造型方面更加美观，造型样式也较为丰富，一般情况下属于束腰长方炕桌，在束腰下可见牙子装饰，床腿大多为三弯腿，勾脚与涡纹足是床足的主要形式。

储藏物品是柜橱类家具的主要用途。一般情况下，柜橱的橱面之下设有抽屉，其形体相对较小，柜子有两扇对开门，形体相对较大。从形制上看，明朝时期柜橱的种类样式比较多，包括闷户橱、亮格柜、四件柜、两件柜、方角柜、圆角柜等。

用来遮蔽视线并起到挡风与分隔作用的家具被称为屏风，其大致可以分为两种，即曲屏风与座屏风。屏风如果按照扇来划分，可以分为十二扇屏风、三扇屏风、两扇屏风等。明朝时期的木制屏风，有的为了凸显灵秀雅致之美在其上镶嵌有木雕版；有的镶嵌了各类石材；有的采用的材料是纸张或者锦帛，并在其上装饰有书法或者绘画作品。

箱子的种类繁多，其中最为讲究的是以黄花梨木镶铜什件的箱子。此外，官皮箱小巧玲珑，有的药箱内藏多层抽屉，还有存放各类衣物的衣箱等。

明代刺绣技艺发达，丝织品种类繁多。瓷器主要有白瓷，明朝成化年间的瓷器，最为流行的是青花加彩，而五彩瓷制作技艺则在嘉靖与万历年间最为成熟。金属制品中，最著名的是宣德炉和景泰蓝。

铜镜到明清时逐渐没落，但仍有一定数量。室内出现了许多置于案头的小雕塑。插花与盆花，在元代几近消失之后，于明代再度兴盛起来，其技术和理论已形成完整的体系。此时的盆景，既有树桩盆景，也有山石盆景。

用于室内装饰的书法艺术品多种多样，内容上有诗、词、文、赋，陈设形式上有屏刻、楹联、匾额以及与挂画类似的"字画"等。明朝末期出现了一种悬挂于墙面的挂屏。座屏作为家具的一种，被缩小处理后放置在桌案或炕上，于是形成了专门作为装饰品的桌屏与炕屏。

③清代。通常来说，清乾隆年间到清末民初这一历史时期的家具称为清式家具。它的出现基于明式家具的风格与技艺，并有了较为明显的突破，尤其是在宫廷家具方面。清代宫廷家具的三个主要产地分别为苏州、广州及北京，这三个产地的家具分别代表着不同的风格，被统称为清代家具的三大名作。

以广州为中心产地的广东地区生产的家具统称为广式家具。其基本特征表现为材料种类讲究一致，使用材料粗大而充足，换句话说，就是用材不掺杂任何其他材料，或使用红木，或使用紫檀。装饰纹样种类丰富，既包括东方传统纹样也包括西洋纹样，镶嵌是经常使用的一种技艺，并且被广泛应用于屏风类家具的制作中。以苏州为中心产地的长江下游一带生产的家具统称为苏式家具，它的主要特点为精巧细致、格调大方。与广式家具相比，它在木材的使用方面较为节省，通常采用包镶或者杂用木料的方法；在装饰方面多采用镶嵌工艺，题材内容广泛，包括具有祥瑞含义的纹样以及以神话、传说、花鸟、山水、名画为题材的纹样。京式家具以宫廷造办处所制作的家具为典型，其风格较为丰富，既有苏式家具的风格，也有广式家具的风格。在外部形态方面，京式家具与苏式家具极为相似，但是在工艺方面有所不同，表现为不用包镶工艺，用料统一。

繁复的几何纹是清代早期丝织品的主要图案，其风格古朴典雅，小碎花的造型比较常见。到了清代中期，由于深受西方巴洛克与洛可可风格的影响，几何纹创作风格倾向于艳丽与豪华；清代晚期大花朵、折枝花是常见的装饰图案，其风格表现为舒朗明快，除了应用于服饰装饰方面，几何纹还可以用于帷幕、经盖、佛幔、伞盖，常见于佛寺、王府以及宫廷之中。印染工艺在清代也取得了长足的进步，其中室内陈设经常用到的材料包括民族地区盛行的蜡染、彩印花布以及蓝印花布。

清代制瓷中心仍为景德镇，但官窑衰落。清代主要瓷种为青花、釉里红、红蓝绿等色釉和各种釉上彩。此外，紫砂器的制作工艺日渐精湛，因此紫砂器具有多种功能，既可以作玩赏品，又可以作贡品。清代景泰蓝在继承明代技艺的基础上有所创新。画珐琅又称"洋瓷"，是清代出现的珐琅器新品种。清代还出现了一种铁画，即以铁片为材料，经剪花、锻打等多种工序制作而成的装饰画。清代已有玻璃镜，但主要用于宫廷和王府。

清代插花、赏花之风不亚于明代，但欣赏角度有所变化。清代盆景以乾隆、嘉庆年间为最盛。明清时期的绘画，既流行于宫廷，也涉足民宅。室内挂画的做法也随之多了起来。清代年画发展迅速，且产量多、影响大、风格鲜明。

明清灯具的种类比唐宋更丰富，并具有实用和观赏功能，主要有木制烛台、玻璃灯、金属灯以及陶瓷灯，无论在形式方面还是在功能方面都居于历代灯具之首，突出表现在宫灯的精美制作上。也许灯具在创意制作方面受到了家具的影响，当时便产生了木制灯具。因其制作材料与室内家具一致，所以两者在室内视觉效果方面能够形成协调统一的风格。此时灯具在制作水平方面也有了明显的进步。

第四节　近代社会

进入近代之后，中国的建筑类型明显增多。办公楼、银行、火车站、学校、医院及各式别墅等纷纷落成，其空间形式与传统建筑相比，无疑更加丰富而新奇。其中，值得我们特别重视的是，形式相对稳定的住宅也出现了许多新的变化，有了此前很少见到的新形式。其中，比较突出的是南方的骑楼、碉楼，上海地区的石库门，散见于乡镇的洋楼及沿海各地的别墅，等等。

一、骑楼

骑楼是一种舶来品，其原型为殖民地券廊式建筑，作为一种城市的街屋形式，首先出现在原英属殖民地，如中国香港、新加坡等地。

在我国，骑楼主要分布在广东、福建等地，如广东的江门、开平、恩平、台山和鹤山以及福建的厦门和泉州。线形布置是骑楼建筑常见的一种形式，其最为显著的特点表现为商住合一、下铺上宅、前埔后宅，因此也被视为商铺式住宅楼。

通常而言，砖石结构、钢筋混凝土框架结构是骑楼常用的结构形式。由于技术等原因，骑楼的开间都不大，柱距一般为 3 ~ 5m，但进深很大，有的甚至达到 20m，层高为 3.5 ~ 4m。因此，骑楼与"前店后坊"风格的小商品销售和生产方式较为匹配。它们并排在街道的两侧或者一侧，每一家店铺通常只占一个或两个开间，占据多个开间的是少数。骑楼建筑多数为两层或三层，只有少数为四层或五层。一层的前部大多是商铺，后部大多是院落、作坊、卫生间或者厨房；二层及以上为住宅，设有起居室、卧室及卫生间。楼梯大多位于中间，有的骑楼还设采光的小天井。

骑楼具有多元文化属性。岭南地区的骑楼，适应炎热、多雨的亚热带气候特点，并能体现岭南文化"求新、求变"的创造性内涵。

二、石库门里弄

石库门里弄是盛行于近代上海的新型居住建筑，从住宅诞生的那天起，它就显示出了中西合璧的性质。早期的石库门里弄，其形式并未脱离传统中国民居的范畴，但从总体上看，其联排式布局与欧洲建筑的做法相似。

石库门里弄的形式明显脱胎于我国传统的三合院。其前面有天井，里面是客堂间，后面是楼梯、二天井和厨房。从高度上看，石库门里弄大多为两层，少数为三层；标准平面是单开间的，如果是两开间或三开间的，其布局就会有变化，三开间的天井两侧有厢房，两开间的一侧有厢房。单开间的平面也有许多变化，其楼梯和二天井的布置都可能有一些改动。

石库门里弄最有特色的部分是石库门。其造型多为西洋式，但从总体上看，它既非传统的中国居住建筑，也不是对西方某一种建筑的简单模仿，而是融合中西方建筑特点又适合上海地区的一种新形式。

三、碉楼

《后汉书》记载的碉楼主要分布在今天的四川西北部，是藏族和羌族等少数民族的住宅。这里所说的碉楼专指广东开平等地的碉楼。这种碉楼兼具防御功能和居住功能，是在建筑技术进步的情况下修建的跨度较大、兼顾性较强的单体建筑。它出现于中国的近代，出资方多数是海外华侨、华人，有些出资方就是设计者本人。

碉楼的平面形式与当地传统的"三间两廊"式民居具有明显的渊源关系。传统的"三间两廊"式民居是粤中、粤西民居中的一种，属三合院住宅。开平早期的碉楼，其平面形式延续"三间两廊"式的格局，四层多了落地式塔楼，并在塔楼的二、三层设置射击孔。

四、洋房

这里所说的洋房不是一般的西式建筑，而是散落于民间的、受西方建筑样式的影响而发展起来的近代民居。它们大多由海外华侨、华人兴建，并由于布局的独立性和功能上的纯居住性而有别于其他建筑类型。

以泉州洋房为例，它们多数都是独立式住宅，住宅实体与外部空间是外向的关系，即外部空间包围住宅的实体。从这点看，它们与传统的合院式住宅是不同的。

洋房的平面大多呈方形。平面的中间是大厅，两侧是房间，常见的形式有"四房一厅""六房一厅"和"八房二厅"。

洋房一般为二层或三层，底层的"厅"往往作为过道，或摆设供台，二、三层则设客厅和卧室，这与西方独立式住宅常把客厅设在底层且二层通高的做法是不同的。

泉州等地的洋房尽管保留了西方独立式住宅的一些特点，但在平面布局上还是体现了我国的传统文化，适应中国人的生活方式及习惯。

综观民国时期的室内设计，其明显受到了西方建筑文化的影响。关于"中国固有形式"的探索，体现了一种可贵的精神，但无论是理论还是实践，都还显得不够成熟。

第五节 现代社会

一、形成期（1949—1959 年）

中华人民共和国成立之初，百业待兴，经济发展落后，人民生活水平较低。这一时期兴建的建筑，大都是国计民生急需的，从风格特点看，可以分为三大类：第一类是民族形式的，如 1954 年建成的重庆人民大会堂、北京友谊宾馆、北京三里河的"四部一会"办公楼，以及富于地方特色的北京伊斯兰教经学院、内蒙古成吉思汗陵和乌鲁木齐人民剧院等；第二类是强调功能，形式趋于现代的，如 1952 年建成的北京和平宾馆、北京儿童医院以及 1953 年建成的上海同济大学文远楼等；第三类是借鉴苏联建筑形式的，如 1954 年建成的北京苏联展览馆（今北京展览馆）和 1955 年建成的上海中苏友好大厦（今上海展览中心）等，这两栋建筑均由苏联建筑师和中国建筑师合作设计，对中国的室内设计师培养起到了积极的作用。

1958 年，为迎接中华人民共和国成立十周年，党中央决定在首都兴建"十大建筑"，包括民族饭店、北京火车站、全国农业展览馆、军事博物馆、民族文化宫、中国革命博物馆和中国历史博物馆（今中国国家博物馆）以及人民大会堂等。

这些建筑虽然均建在北京，但是却从侧面反映出了我国当时的室内设计与建筑设计的整体水平，在中国现代室内设计学科的形成方面具有标志性的意义。为将"十大建筑"设计好，我国将当时国内建筑领域顶尖的室内设计师、美术家以及建筑师召集在一起，在他们的通力合作下，"十大建筑"以极高的质量展现了伟大首都的风貌。"十大建筑"，尤其是人民大会堂的建筑设计，使得室内设计的地位得以提升，并且改变了以往室内设计从属于建筑设计的尴尬局面。可以说，"十大建筑"的建成标志着在我国室内设计作为一门独立学科的成立。

通过对我国"十大建筑"室内设计进行分析，可以发现其主要具有两大特点：第一，在设计手法方面，遵循中国传统艺术设计方法，使得建筑充满民族风情；第二，在创作理念方面，使得建筑具有一定的划时代意义与纪念性。中华人民共和国的成立标志着中国人民推翻了帝国主义、封建主义以及官僚资本主义对广大人民的反动统治，中国历史自此揭开了崭新的篇章。为纪念这一重要历史时刻，"十大建筑"自然要以歌颂革命与建设所取得的巨大成就、歌颂各族人民大团结、歌颂党的领导为主题，自然要表现人民当家作主的自豪与喜悦，自然要表现中华民族屹立于世界民族之林的决心与信心。

在室内设计手法方面，人民大会堂等建筑与上述立意有着异曲同工之妙。创作者继承了中国传统文化的精髓，在创作手法方面进行了大胆尝试，采用了如"万丈光芒满天星""水天一色"以及中轴对称等方式，将建筑物宏伟庄严的气势展现出来；在装饰方面，采用铜制花饰、彩画藻井、贴金廊柱等要素，将中国传统文化的神韵充分体现出来，还运用了隐喻手法，借由葵花、麦穗、旗帜、五角星、太阳等装饰图案，使得政治性主题得以表达，做到了形式与内容的统一。

二、停滞期（1960—1977 年）

1960—1965 年，我国遭遇了前所未有的自然灾害，经济发展在一定程度上受到了阻碍。这一时期建成的主要建筑有中国美术馆、首都体育馆、成都锦江饭店及上海虹桥机场航站楼等。

1966 年之后，建筑业与各行各业一样，受到了严重的冲击，建设项目寥寥无几，建筑理论和建筑创作几乎全都停滞不前。这段时期主要建成的建筑包括扬州鉴真纪念堂、北京饭店东楼以及上海体育馆等。

1976 年，国内一大批优秀的室内设计师以及建筑师怀着无比崇敬的心情参与了毛主席纪念堂的设计，他们以梅花、葵花、松柏等寓意深刻的图案，沥粉贴金的天花，凹雕贴金的毛主席诗词，巨幅壁毯与完整的空间序列以及神态自若的毛主席坐像等创造了一个成功的室内瞻仰环境。

三、发展期（1978 年至今）

（一）发展前期的室内设计

中国共产党第十一届中央委员会第三次全体会议于 1978 年 12 月在北京胜利召开。大会决定将社会主义现代化建设作为党的工作重点，还提出了解放思想、实事求是的思想路线以及改革开放的总方针。此次大会后，我国国民经济在各项政策的支持下得到了突飞猛进的发展，人民的生活水平也在不同程度上得到了提高。人们思想方面的解放以及各方面需求的不断增加，为室内设计与装修的发展营造了良好的环境，我国现代室内设计就是在这一时期得以飞速发展。1979 年，北京首都国际机场落成，航站楼的设计获得成功，其中的壁画对后来的壁画创作起到了明显的推动作用。

（二）20 世纪 80 年代到 90 年代的室内设计

中国建筑界对过去几十年的发展道路进行了认真的思考，为适应对外开放的需要，设计了大量优秀的建筑。属于宾馆类的主要建筑有 1982 年建成的北京香山饭店、北京建国饭店、上海龙柏饭店和福建武夷山庄，1983 年建成的北京钓鱼台国宾馆 12 号楼、广州白天鹅宾馆和北京长城饭店，1985 年建成的深圳南海酒店、新疆迎宾馆和山东的阙里宾舍，1986 年建成的北京昆仑饭店和上海的华亭宾馆，1988 年建成的北京国际饭店以及 1989 年建成的北京王府饭店和上海的新锦江饭店，等等；属于文化教育类建筑的有 1985 年建成的北京国际展览中心和中央电视台彩电中心、1987 年建成的北京图书馆新馆和中国人民抗日战争纪念馆、1988 年建成的天津大学建筑馆以及 1989 年建成的广州西汉南越王博物馆和中国工艺美术馆等；属于体育类建筑和其他类型建筑的有 1985 年建成的深圳体育馆、1987 年建成的广州天河体育中心、1988 年建成的敦煌机场航站楼以及 1989 年建成的深圳国际贸易中心和北京石景山体育馆等。

从风格特点方面看，20 世纪 80 年代的室内设计与建筑设计基本可以划分为两大类：其一强调地域性与民族性的体现，其二强调现代感的体现。前者在酒店、宾馆等建筑中较为常见，阙里宾舍、白天鹅宾馆、香山饭店等都是此类风格深受欢迎的代表性作品。20 世纪 90 年代是我国室内设计迅猛发展的时期，原因是国民经济飞速发展，人民生活水平日益提高，改革开放力度加大，内外交流更加频繁。建筑的数量和类型增多了，对室内环境的要求也更高了。如果说 20 世纪 80 年代的设计对象多为宾馆和酒店，那么 20 世纪 90 年代其已涉及行政、文教、金融、贸易、交通、餐饮、娱乐、休闲、旅游和体育等各个领域。这一时期的主要建筑有 1990 年建成的京广中心、国家奥林匹克中心、上海商城，1991 年建成的陕西历史博物馆和北京炎黄艺术馆，1992 年建成的北京燕莎中心，1995 年建成的天津吉利大厦、天津体育中心、上海新世纪商厦、威海甲午海战馆、上海东方明珠电视塔，1996 年建成的深圳地王大厦，1997 年建成的北京新东安市场、上海商务中心和上海体育场，等等。

住宅室内设计的出现在我国室内设计史上具有划时代的意义，它意味着室内设计由专门为少数大型公共建筑服务逐渐发展成为寻常百姓家服务，也使得"以人为本"的理念得到了更加全面的诠释。

20世纪90年代我国的室内设计具有以下几大特点：一是飞速发展，二是风格多样，三是设计水平逐步提高。

（三）当代中国室内设计的现状

21世纪我国建筑设计的特点是简洁、几何、新材料，如国家体育场（鸟巢）、中央电视台新址、国家大剧院、水立方、上海世博建筑群等。目前我国的室内设计呈现出百家争鸣、百花齐放的局面，室内设计的韵味因其风格的不同而各具特色。然而，当代中国的室内设计大部分情况下是"有其形却无其神"。作为一名中国设计师，应当对我国的优秀传统文化了如指掌，但是大多数设计师仍然很难做到将中国传统文化与现代文化完美融合，让更多的外国人了解我们中国的传统文化。当然，在众多设计者中也有表现出色、给人留下深刻印象的佼佼者，他们将中西方文化融会贯通，通过室内设计将其充分体现出来，其中不乏一些成功案例，如上海的"新天地"。

我国的传统文化在发展过程中离不开佛教文化与道教文化的影响，而这些文化作为一种符号渗透在中华文化的血脉之中。如今我国优秀的室内设计师不仅偏爱将中国的传统文化元素融入室内设计，而且通过现代化的表现手法与当代建筑设计材料将其展现出来，使其拥有一种不同于一般室内设计的韵味。通常来说，中式元素包括中式设计思想、中式装饰符号以及中式家具等内容。

当我国室内设计师将传统文化与现代文化相融合，力求与国际接轨之时，西方的室内设计师也在努力发掘中国传统文化元素，寻找新的设计灵感，"中国红"便是其中之一。一般来说，以"中国红"作为设计元素可以分为两大类：一类是墙面红，也就是珊瑚粉中融入一些玫瑰色，从而缓和了中国红强烈的视觉冲击力，在城市空间中较为适用；一类是传统中国红，颜色较为纯正与鲜艳，与墙面红相比具有更加强烈的视觉冲击力。传统的中式设计在风格与色调方面都显得过于沉闷，与现代年轻人所追求的简约时尚风具有鲜明的反差。我国室内设计师要想有所突破，就必须在室内设计中融入一些现代元素，因此应当不断创新自身的创作理念与创作表现手法，从而迎合时代的发展需求，满足人们对室内设计的心理需求，让中国传统文化元素能够与功能主义和实用主义相融合，在继承与发扬我国优秀传统文化的基础上，使得现代设计与中国元素相融合，将传统室内设计的风雅意境注入现代室内设计中。

第三章 点、线、面元素与现代室内设计

第一节 点、线、面概述

一、点、线、面的内涵

对室内设计来讲，凸显设计表现张力最基础、最常用的单位和语言就是点、线、面。设计师通过合理地运用点、线、面能设计出各种各样的风格，展现不同的个性，体现浓郁的文化底蕴，恰当地运用点、线、面甚至可以完美解析所有复杂的视觉构成。建筑师伯克斯指出，"艺术和建筑总是会把观赏者拉回到那些作为视觉语言的构成要素的最基本的形体上来。这些基本形体的意义是永远也不会被磨灭的，它们充满了在新的构图组合上的可能性，让人们不断去探索"[①]。因此，开展现代室内设计实践活动的第一步就是确定点、线、面的主体地位，清楚它们的表现能力和价值体系。画家瓦西里·康定斯基晚年曾在包豪斯学院担任艺术教师，他在教授学生的过程中系统地、全面地分析、讲述了艺术构图中点、线、面这三个基础要素的重要性。后来，他创作并出版了关于此理论的著作《点、线、面》，并在书中对作为绘画关键元素的点、线、面进行了详细的阐释，指出"点、线、面所构建的美必须是以有目的地激荡人类的灵魂这一原则为基础的"。在担任包豪斯学院教师期间，他提出的这些重要理论获得了许多人的赞同和认可，也引起了无数人的注意，人们开始对他的理

---

① ［美］巴里·A.伯克斯：《艺术与建筑》，刘俊、蒋家龙、詹晓薇译，中国建筑工业出版社 2003 年版，第 24 页。

论进行深入研究和解析，这奠定了构成艺术发展的重要基础，他的理论也成为室内设计教育的理论依据。

（一）点

无论是哪种形态都一定包含点，也都离不开点，所以，点其实就是所有形态的基础，而点最显著的特性就是可以确定位置，可以凝聚视线产生特殊的心理张力。点还具有其他的特性，如醒目性、求心性等。点在几何当中属于最小的、最基础的单位，一般情况下，点是相对集中的，且不能比较长短和宽窄。人们对点的认知也很简单，它并没有大小之分，存在于线上、面上，人们将两个独立不重合的点连接在一起就能画出一条直线，将三个独立不重合的点连接在一起就可以形成一个平面，将四个独立不重合且不在同一平面上的点连接在一起就能形成一个立体。

1.点的感觉

点是空间当中最基础、最简单的形，也是我们对物体形象进行感知、分析的根本。对设计来讲，点是最常用、最根本的元素，而线和面是设计造型的关键要素。在设计当中，点很少作为单独的形象出现，但它对单独形象的构成却发挥着至关重要的作用。设计出优秀的造型是设计具有绝佳视觉表现的前提，所以，合理运用点就显得十分重要。在室内设计当中，点不再只代表图形中线和面的交点，而是成为一种彰显空间视觉感的特殊单位，具有重要意义。

在生活当中，点指代的不只是几何中的点，也可指代那些分散的、体积不大的事物，如灯光、星星、碗盘、水果等。这些事物的实际体积可能很大，但在特定的场景中，呈现在我们视觉范围内的影像可能很小，所以，人们可将其视为"点"。比如，苹果这个物品，近看肯定不能称为点，但如果远观就可以将其视为一个点；当苹果生长在苹果树上时，近看苹果和苹果树都不能称之为点，从稍远的地方看，苹果就可以视作苹果树的一个点，从更远的地方看，可能就看不到苹果了，只能隐约看到苹果树，那么苹果树就是一个点。所以，人们能否将看到的事物视作点，与人和事物之间的距离有关，也与事物所处的特殊环境有关。点的形态特性会随着距离和环境的大小出现对应的削弱或增强。通常情况下，事物之间的距离变大，点的形态特性会增强，距离缩小，点的形态特性会削弱；事物所处环境变大，点的形态特性也会增强，事物所处环境变小，点的形态特性会削弱。

2.点的造型特征

从形态上看，点属于形态偏小的元素，但点越小越能显现其形态特性，如果点特别大就可能展现面的特性，一般情况下，区别点和面的关键就是比较两者的形态。点在室内设计当中是一种特殊的造型元素，不仅可以被用到各种地方，还能发挥独特的作用。古语有云"一沙一世界"，点虽小，但却包容万物，只要出现在恰当的位置，就一定会发挥出本身超强的放射力。如果在一个设计造型当中最显眼的位置放置一个点，那么这个点会自动成为人们视线的焦点，发挥其提神、醒目的重要作用。比如，在一个宏大的画面当中绘制了一个点，这个点虽然不大，但一定能将所有欣赏者的目光和注意力吸引到一起，直接变成画面的视觉中心。因此，在室内设计实践中，人们必须保证点的定位精准、明确，数目和大小恰当，分主次、显疏密、定层次。

（二）线

线在几何当中是一种代表位置和长度的元素，它有长度，但没有宽度和厚度，更不会存在面积。根据线的形态可以将其分成两类：一类是直线，另一类是曲线。线与点和面之间都有密切关系，线是点的集合，是面与面相交的产物。从运动几何层面来看，线其实就是将点持续运动走过的痕迹连接在一起的产物，所以，线可以展现点从开始运动到结束运动的动态过程。

1.线的感觉

线和点在空间中的定位相似，都属于空间最简单、最基础的形，但两者的不同点是，线有方向和长度，可以视为无数个点的集成，是点的扩展和延伸。我们在生活当中可以遇到形式各样的、方向不固定的线，从某种意义上讲，线能用最简洁的形式对某个物体的形状进行高度的概括。

无论是在现实生活当中还是在几何空间当中，线向不同的方向延伸会使人产生不一样的情感，获得不一样的视觉效果。比如，顺着水平方向延伸的线就会让人感觉身处一望无际的平原或浩渺如烟的海洋当中，内心会变得平稳、安定，心胸也会变得更加开阔；顺着垂直方向延伸的线会让人感觉在面对一棵顶天立地、高耸入云的大树，内心会不由地产生一种积极向上的情感。由两者组成的平面会具备双方的综合特性，构建成一个安定、祥和、美好的生活空间。另外，顺着倾斜方向延伸的线会使人产生强烈的冲击感、速度感，也彰显出青春的无限活力。线不仅有直线，也有曲线。曲线并不存在明确的方向，只是随意、自然地卷曲，形态也不规范，但却会让人感觉到其散发的圆润和柔软，而且曲线特殊的流动感以及虚幻感常常给人营造出优雅而丰富的享受氛围。

2. 线的造型特征

从形态角度分析，线比点更细小，但却比点长得多；线比面更细、更窄，两者无法比较长度。线有长短、粗细之分，恰当地运用不同形态的线能让设计出的空间具有更好的视觉效果，可展现动静，也可描绘虚实。当然，如果将同等长度的线按照一定间距渐变排列或密集排列，这些线展现的视觉效果就和面没有区别了。

不同形态的线能产生不同的视觉效果。设计师在设计过程中将不同形态的线采用特殊的方式排列，就能给人以错位的感觉。线在顺着一个方向延伸时，不但能描绘出形的表象，还能起到连接或分割画面的作用。因此，在室内设计中，设计师将具有极强表现力和情绪化的线条进行适当的变化，就能将特殊的情感和力量融入线条造型。

（三）面

面在几何当中指的是所有带有二维特性的图形。面有长度和宽度，但并不具备厚度，如果有厚度，就不再是面，而是体。所以，从某种意义上讲，面其实就是体的外在。无数条线紧密排列可以形成面，所以面也可以视作线在动态运动过程中所留下痕迹的集合。

1. 面的感觉

空间当中的面可以视作点进行矩阵排列或线进行密集排列形成的特殊产物。但是，无论面的类型如何，都能让人产生力度感和延伸感，曲面还会让人感受到特殊的动态感和紧张感。从某种意义上讲，面是由点或线集合而成的一种特殊形态，必然会占据一定的空间，所以它不能像点和线那样自由地变化和移动，但可以借助重叠、透视等特殊的手段给人以空间自由变化的感觉。

我们在实际生活当中会遇到各种各样的面，它们不但装饰了人们的生活，还丰富了人们的生活空间。透过面这种特殊的二维形态，人们能更清楚、更详细地知晓、描绘事物的形状。面其实就是人们对物体直观的视觉感受，是人们视觉的焦点。

2. 面的造型特征

通常情况下，在一幅画面当中，如果面占据了大量的篇幅，意味着面发挥了重要作用；如果画面特别大，而面却特别小，即两者之间的比例差过大时，面对画面的作用和线或点的作用是没有区别的，换言之，此时的面就相当于画面的点或线。由此可见，在设计当中，点、线、面的形态并不固定，设计师可随意更改，三者之间的关系也并不是单独的、分散的，设计师通过对三者的合理运用，使其融入画面，丰富画面的内容，表达复杂的情感。

在设计实践中，面与形之间的关系比点或线与形之间的关系更紧密，虽然面不能和点、线一样自由地构形，但面具有一种点、线不具备的特殊的轮廓，可以在概括形时发挥出更大的作用，不仅能保证形更加具体，还能更快明确形的意义。人们对事物的感知主要通过形来实现，这就离不开面的创作，分割面或将多个面组合到一起是创作面的主要方式，可以产生独特的视觉效果。

二、点、线、面的关系

点、线、面之间的关系十分复杂。在几何空间当中，点是抽象的，是线与线的交叉点，是最基础的几何元素，它的运动能形成三维空间内的所有形；线可以视作点在动态移动过程中痕迹的连接；面可以视作线在动态移动过程中痕迹的连接。在造型艺术当中，点、线、面都是基础的造型元素，是人们通过特殊手段从大自然中抽象剥离出来的事物。所以，三者之间的关系是相对的。

我们明确三维空间方向的主要方法是绘制 X、Y、Z 坐标轴，坐标轴中任意一点（X、Y、Z）都代表三维空间中的一个点。室内设计实践活动的开展也离不开这个三维坐标体系。当 X 轴、Y 轴、Z 轴垂直相交时会形成一个交点，此点即空间原点。某一个点从原点出发，沿着 X 轴方向水平运动，一段时间后连接点的痕迹可得一条线，此线和 X 轴重合；让这条线顺着 Z 轴方向垂直移动，就会形成一个完整的面，此面可称为 XZ 面。这个过程完整地展现了点、线、面之间的空间几何关系。

在了解点、线、面之间的空间几何关系后，我们可以从设计艺术的角度分析抽象的自然界。自然界包罗万象，但其中的任意形都可以用点、线、面来构造。点作为基础的、具有吸引力的要素，可以对我们的视觉产生强烈刺激，具有提神醒脑的作用；线是点的集合，通过变化和延伸扩大人们的视线范围，让人们产生动态感；面作为点、线的补充，丰富了人们的想象，弥补了点、线的不足，给人赋予更加真实的感受。点、线、面三种元素通过协同合作，为我们呈现出一幅特殊的、极具表现力和艺术美感的景象。所以，在室内设计过程中，先要确定情感基调，再使用抽象化的点、线、面来构造超脱具象的实体，抒发内在情感。

第二节　从平面构成角度解读点、线、面在室内设计中的应用

一、室内平面构成中点、线、面要素的研究及应用

（一）点、线、面视觉元素在室内平面构成中的研究

1.点

点在平面构成中具有很强的张力，且处于力的核心位置，还能显现具体位置。同时，点因位置、大小、数目以及布置方式的不同会让人产生错觉，富有变化。所以，在室内设计中，设计师可以充分、合理地运用点的构形方式，保证其成为设计造型的关键点，如在设计壁纸时可以将其中的小图案视作点，选择恰当的构形方式，为保证室内设计的视觉效果，可以将一些深色三角形放置在那些具有极高亮度的地方。

2.线

线在平面构成中同样只有方向和长度两个特性，但为保证造型的视觉效果，线有时也会有宽度。

线在室内空间当中的表现形式五花八门，如描绘空间外形或大体积实体外形的轮廓线，描绘不连贯或空间中虚幻存在的隔断墙的虚线，以及描绘空间不同界面必要的垂直或水平走向的装饰线等。由此可知，在室内设计中，线的位置和作用都十分重要。从平面构成角度出发分析、研究室内设计中线的构成是室内空间和界面线构成的全新方式。

3.面

面属于二维空间，只具有长度和宽度两个参数，从某种意义上讲，面是大量的点或线按照一定规律紧密排列的产物或形成的视觉效果，在一定程度上需要接受线的约束。

面和点并不能精准区分，两者都是与画面相对比较的产物。比如，有一面

墙，墙上有门有窗，挂有书画作品，还有一些通风孔，从局部角度观察，这些事物都属于面，但从整体角度观察，这些事物都可以视作点。在室内空间当中，面的作用主要有两个：第一，指代某物体的表面；第二，指代片状的、孤立的、有特殊作用的形，如地面、墙面等限定空间范围的形。如果面的形状、大小以及闭合方式不同，则划定出的空间不仅形态各异，特性也各不相同。设计师在设计造型时对面采用挖洞、分割、穿插、重叠等构成方式，能让设计出的空间富有极强的表现力以及优良的空间特性和结构。因此，在室内设计中，合理地运用面能使三维空间更加饱满、丰富，产生更好的视觉效果。

（二）点、线、面视觉元素在室内平面构成中的应用

在具体的室内设计过程中，只要结合形式美的规律合理地使用平面构成中的点、线、面等视觉元素就能构造出所有形，甚至能通过点、线、面来阐释室内环境所蕴含的特殊情感和文化风格。点、线、面等视觉元素通过排列、组合以及变异的特殊方式构建了室内空间中的所有实体，且在其中注入了人们需要的内在精神。下面将从平面构成的角度详细地分析作为室内设计基础元素的点、线、面的具体应用。

1.点在室内设计中的应用

在室内设计当中，点的主要作用就是装饰，有时会具备一定的功能。各种各样的点充斥在室内空间当中，它们可以充当装饰，也可以为造型服务，还能确定距离和位置。更重要的一点是，点的形态并不固定，还具有极强的张力，能凸显关键之处，能聚焦分散视线。比如，人民大会堂室内顶部有很多灯，中间是一个五角星，这个五角星位置正中，好似光耀万物，不仅能吸引所有人的目光，起到聚焦作用，还散发超强的向心力气息，可谓画龙点睛。设计师在设计吊顶时将所有灯具都以五角星为中心布置，充分运用点的构成方法，凸显凝聚美。

室内设计时可以出现实体点，也可以出现虚幻点，这种虚幻点不能直接触摸，需要根据形的暗示来推断，需要用心感受。这种虚幻点好似看不见、摸不着，但却能通过视觉确切感知。设计师通过这种虚幻点和实体点的融合，能更好地展现形的特性。

2.线在室内设计中的应用

通常情况下，线都会出现在实体界面或室内空间界面上，如转折处、交界处、分割处、轮廓处等。线的形态和排列方式并不固定，设计师只要选对运用方式就能让人获得特殊的感受，产生独特的情感共鸣。

从某种意义上讲，实体表面和空间界面上的线能将空间的形完整地描绘出来，甚至能区分空间的特殊功用。所以，在室内设计过程中厘清空间和线的相对关系，恰当地运用不同形态的线和排列方式，既能丰富空间层次，又不会让空间显得呆板。

在图3-1中，数量最多的事物就是木板，有横向的，有纵向的，每一条木板都可以视作一条线，所以该室内空间几乎全都是由线构成的。图中所有木板依次紧密排列，既表现了方向，又显现出空间的延展；同时图中不仅有直线，还有弧线，这种线的构成方式丰富了空间的层次变化，避免了只使用一种线条所产生的呆滞感，还能让空间显得更有人情味。

图3-1 室内空间

3. 面在室内设计中的应用

面是室内设计中应用范围较广、应用层次较多的基本元素之一，一般空间实体的表面形状都是面，室内空间的整个背景也是面。通过对面构成方式的合理运用可以改变空间关系，获得更好的视觉效果。

一般情况下，面的形态有两种：一种是普通的表面，如物体表面、墙体表面等，属于真实的面；另一种是一些没有实体的虚幻的面，可以通过视觉来感知。比如，室内使用的百叶窗，它的每个叶片之间并没有连接在一起，光可以从中间的缝隙射进室内，人也能从中间的缝隙看向室外，这种分割的面虽然不完整，但增强了室外和室内的关联，构建出一个自由流动的空间，能让身处室内的人获得一定的安全感。

如果根据空间布局所产生的视觉效果的不同来区分的话，面可以分成两部分：一部分是视觉中心面，即视觉效果的重点面；另一部分是视觉次面。这种区分方式是根据面在室内空间所占比例的大小来划分的，如墙面是人首先看到的地方，属于视觉中心面，所以墙面的纹理和材质都特别重要。一般情况下，使用墙纸和涂料，然后在局部增加镜面、装饰画以及文化石等能凸显细节的事物，确定室内空间的整体风格和效果。天花板和地面属于视觉次面，设计时要避免与墙面风格和效果冲突，且不能有反客为主的现象发生，通常只使用简单的色彩即可，既简洁又明亮。这样做不仅会凸显墙面，还能使空间整体层次分明、相辅相成、相得益彰。

当面处理好以后就可以设计搭配造型，如色彩、灯光等，充实空间内容，以获得更好的视觉效果。

图 3-2　办公室空间

图 3-2 所示是一个办公室空间，桌子正面有凹面有凸面，多面结合完美展现了桌子的形象，给人以强烈的冲击感，也让面成为整个空间关键的造型语言。墙面属于虚面，是用不同线条分割的整体面，搭配的装饰画更是丰富了办公室的空间内容。

二、室内设计中点、线、面的构成和法则

点、线、面是平面基本的构成元素，在室内设计时将其进行自由排列和组合，可以获得全新的图案以及新的视觉效果，展现形式美。平面构成中的形式美主要有两种：一种是发射、对称、重复等符合一定规律的常规美，另一种是对比、特异等非常规美。

下面从平面构成的重复构成、渐变构成、特异构成、对比构成、发射构成

这五个角度入手，分析研究构成手法，以便读者了解、掌握室内设计的技巧和方式。

（一）重复构成

贡布里希借用拉夫尔·沃纳姆的观点，提出，"装饰的第一原理好像是重复……一系列间隔相等的细节，如装饰线条的重复"[①]。由此可知，重复是室内设计师经常使用的一种手法。所谓的重复构成，是指在构成设计过程中重复多次地使用同一种设计手法，或者将同一种形态的单元周期性地、连续地运用到一个设计当中。这种构成方式虽然简单，但能将视觉内容变得更具节奏性、周期性，视觉效果更强。

使用重复构成一定要遵循对应的规律，因为这种方法对空间秩序的影响很大。一般情况下，重复构成是重复地排列同一个单元形态（单元形态可同可异），最终保证构成的形是一个完整的整体。这种遵循对应规律的重复构成能让人感觉最终构成的空间一定是整齐的，从而加深人们的视觉印象。

在室内空间设计时也可重复使用点、线、面等基本造型元素，这样不仅能使室内空间变得更加简明、整齐，还能展现出一种富含韵律的、宏伟的空间感。

如图3-3所示，室内空间设计师充分运用了点、线、面的重复，不仅增强了空间的视觉张力和艺术感染力，还使空间展现出一种特殊的、浓郁的秩序感和节奏感，更显恢宏气势。

图 3-3 点、线、面的重复

---

① ［英］E.H. 贡布里希：《秩序感 装饰艺术的心理学研究》，范景中译，湖南科学技术出版社 1999 年版，第 44 页。

（二）渐变构成

渐变构成，是指在构成设计过程中将相似的单元按照单元变化规律衔接在一起，使人感觉到事物呈融合性、阶段性变化的平面构成方式。这种渐变可以应用到构成设计的任何方面，如构成形态的位置、大小、明暗、色度、粗细、疏密等。同时，渐变好似变化正在发生或正遵照某种秩序发生，从视觉美感角度分析，渐变构成与人类的审美规律十分匹配，富有特殊的韵律感和节奏感。从某种意义上讲，渐变构成与重复构成的差别不大，只是将重复构成的每一个下一步进行了细微改变，改变了其一致性，但完全保留其节奏感。所以，渐变构成不但具有重复构成的强大视觉效果，还能将这种效果变得更柔美、更细致。

在室内设计实践中，通过点的渐变、线的渐变以及面的渐变都能实现渐变构成，丰富空间的层次感。

（三）特异构成

特异构成，是指在构成设计过程中突破传统形式的限制，创造一种特立独行的造型，呈现出全新的视觉效果。这种方式有意识地打破传统规律，采用违反设计规律的设计方式，凸显平衡中的某种特异，迫使人们的视觉主动寻找焦点所在。通常情况下，在整体构成平稳的背景下，只要存在一个或两个不符合整体规律的视觉元素，整体空间就会显得与众不同，如果再凸显这些元素，整体空间就会显得比较特异，不仅消除了单调感，还能彰显个性。从某种意义上讲，打破规律性就会展现特异性，如图3-4所示。

图3-4 点、线、面的特异构成

（四）对比构成

对比构成，是指在构成设计过程中注重空间整体和构成要素之间的差异或不同构成要素之间的差异，通过对比增强紧张感，让人的视觉感受到强劲的张力，使人对空间的感觉更透彻。使一个空间脱离单调、乏味，同时引发共鸣的有效方法，就是突出主题，这就需要采用对比构成的方式，用次要素来凸显主要素，完美诠释主题，展现空间环境的中心情感。

在室内空间中，对比构成可以通过点对比、线对比以及面对比来实现，这些造型元素对比的主要内容包括形态的长短、粗细、曲直、虚实和大小等。对比构成的根本目标是通过对比获得更好的视觉效果，所以设计师要把握好特异风格和整体风格的比例。

（五）发射构成

发射构成，是指在构成设计过程中以一个特殊点为核心将所有关键要素向内集中或向外发散。这种构成设计基本上都能呈现出渐变的特殊效果。发射构成的图形不仅具有更强的吸引力和聚焦能力，还能促使人们更完整地记忆图案，视觉效果持续时间更长。发射构成的形式多种多样，常用的有中心点式、不规则式、同心式以及螺旋式。

三、点、线、面在室内设计中的综合运用及注意事项

（一）点、线、面在室内设计中的综合运用

点、线、面等从抽象艺术中提取的基本的造型元素被赋予了艺术美的本质，能展现各种性格以及特殊含义。

室内设计当中存在着许多由水平线和垂直线组成的面，如地面、墙面，这些面将一个完整的室内环境分割成多个单独的、存在紧密内在关联的实体空间。"室内空间设计中，点、线、面的空间形态不是绝对的，它们是通过比较形成的，是相对的。一处灯亮时，给人点的感觉；若灯光形成单向连续，人会意识到线的存在；灯光在构成多向或交错连续时，使人看到了面"。[1] 空间环境因材料不同及处理方式不同会形成独特的风格，具有特殊的性质，空间环境中的一草一木、一个沙发、一盏灯不仅仅代表着形，还被设计师赋予了特殊的含义。

---

① 范涛：《室内构成》，化学工业出版社 2007 年版，第 71 页。

因此，设计师在具体的室内设计活动中必须恰当地运用点、线、面的构成规则，保证各个要素的风格和形式都能为室内空间增光添彩，只有这样才能保证设计出的空间具有极佳的视觉效果。此外，设计师还要处理好空间环境中点、线、面之间的关系，营造出良好的空间氛围，这对获得理想视觉效果很有帮助。

（二）室内设计中运用点、线、面的注意事项

1.注重形状的把握

在室内空间中，点、线、面根据对应的规则排列组合成对应的空间和实体。由上文可知，室内空间中的线多为界面线，有直线、曲线以及分格线。通常情况下，画面中水平线越多，画面越会使人感觉到安定、祥和；垂直线越多，越会使人感觉到挺拔、向上；分格线越多，则越会使人变得更加理性，更追求折中。

室内空间界面的形指的是天花板、地板、墙面等的形以及界面中基本事物的形。如果设计师要求空间环境鲜明、有特色，那么在设计时只需使用一些能展现个性的形状即可。室内空间界面也有许多事物与形体有关，如漏窗、景洞等，这些事物的表现形式主要有两种：一种是与空间界面之间没有具体的界限，与其若即若离，形成一个相互分隔、相互融合的整体；另一种是存在一些大幅度的起伏和凹凸，对整体空间起到对比烘托的作用。

室内构成设计中的点、线、面与形之间存在紧密的关系，绝对不能单独、分散地对待，只有综合处理才能保证整体效果。

2.注重风格的统一性

在室内空间中，点、线、面构成了空间界面和形状，所以人们可以通过感知空间环境中的点、线、面来分析空间的整体风格，体会空间蕴含的特殊情感。室内空间界面装饰设计必须遵循的根本原则是保证风格的统一，如果空间风格不同，那点、线、面的排列和组合方式也一定不同。

3.注重背景的陪衬性

室内空间界面是室内环境的主要背景，其主要作用是烘托，所以通常不做突出处理。通常情况下，设计师对背景的处理都是简洁明了的，风格也是明朗、淡雅的。但是，如果在设计一些有特殊意义或需要特殊氛围的环境时，则可以对背景进行夸张式的处理，提升背景效果，从而增强整个空间的视觉效果。

总而言之，设计师在对空间实体这一室内空间不可或缺的重要组成进行设计时，可以将空间实体抽象化，将其转变成平面构成的点、线、面，然后将整个空间视作二维画面，再进行对应的处理和设计，保证设计与平面构成中点、线、面的构成美法则相匹配。设计师可以从平面构成的构成法则来分析点、线、面等要素在室内设计的运用和这些要素产生的视觉效果。一般情况下，设计师为展现空间独特韵律感和节奏感所使用的构成方式是渐变构成和重复构成，用特异构成表现视觉焦点，用对比构成凸显主题，最终设计出一个理想的室内空间。

第三节 从立体构成角度解读点、线、面在室内设计中的应用

一、室内立体构成中点、线、面要素分析

（一）室内空间中点、线、面视觉元素的特性

1.点的元素特性

点在立体空间中的主要形式是角点，对空间中的一些形体发挥着支撑作用。所谓角点，其实就是空间中形体棱边的交点或聚合点，具有特殊的内聚向心作用。从狭义层面分析，角点就是棱边的聚合点；而从广义层面分析，角点可以视作一个特殊的代表空间角的点，这是人们理解空间构造关键的基础理论。

2.线的元素特性

线在立体空间中主要的表现形式是交线，即面面相交或形面相交所形成的交线。因此，人们总是将这种线作为面直接、显眼的边界。线也具有特殊的限定作用，无论是直线还是曲线，是连贯线还是断断续续的线，都会形成特殊的空间节奏感。

3.面的元素特性

面在立体空间中的主要形式是形体的平面，可以是实面，也可以是虚面，但立体空间中的面与普通二维空间中的面有很大的差别，它们被赋予了特殊

的、深刻的内涵，具有全新的概念，再加上面可以向多个方向无限延伸，在室内设计过程中，对实体进行抽象化所得的三维空间面会形成特殊的立体视觉效果。

（二）室内立体构成要素之间的视觉关系

在室内设计实践中，充分运用立体构成中的点、线、面等设计要素，能设计出极具创意的、别出心裁的实体和空间。换言之，所有实体和空间都可以被分解成点、线、面这些基本的设计元素，这种分析和重构是设计师提升自身能力的关键。在设计过程中，设计师还必须掌握的一项重要技术就是掌握所有空间构成要素并知晓各个要素之间存在的特殊视觉关系，保证设计的实际视觉效果。只有这样，设计师才能真正设计出完整的、美观的、效果极佳的空间构成。空间构成要素之间存在的视觉关系如下。

1. 主次关系

一个完整的空间构成必然包含多种要素，但其中一定存在一个明确的主题，或是彰显一种特殊的个性。换言之，立体构成中必然存在主次关系。通常情况下，空间构成是围绕主体要素展开的，次要素只是作为主体要素的补充和辅助，但主体要素绝对不能脱离次要素而单独存在，这样会导致主体要素不能抒发其所蕴含的内在情感。

因此，为了保证空间构成的完整性和优异性，设计师必须处理好不同构成要素的主次关系，通过突出主体要素和次要素之间的对比，凸显空间构成的主题或个性。对空间构成来讲，主体要素至关重要，其主要特性有以下两点：第一，主体要素在形体上所占比例更大，地位更高；第二，主体要素是人们目光的中心，是视觉的焦点，蕴含着浓厚的内在情感。

2. 比例关系

在空间构成中，每个要素所处位置、宽窄、长短以及大小都不相同，因此各个要素之间存在特殊的比例关系：第一，内部比例关系，这种比例关系主要针对的是单个形体本身，其实就是单个形体本身的长、宽、高之间存在的比例关系；第二，比较比例关系，这种比例关系主要针对不同形体，在空间构成当中，不同形体的形态、大小并不相同，只有通过这种比较比例关系才能凸显形体的特性和差异，还能发挥一定的相互衬托作用；第三，全面比例关系，这种比例关系主要存在于单个或多个形体与空间整体之间，人们可以透过这种比例关系清楚地了解单个或多个形体的所有信息。

3. 平衡关系

为了保证空间构成的稳固，所有构成要素都要保持均衡，即构成空间的所有力量都要平衡。此平衡不但是人们视觉上的构成平衡，还能从整体上让人感受到空间中蕴含着平稳、安定。

（三）室内空间实体形态要素的组合及对空间的影响

室内设计师的主要工作是确定室内空间的整体以及空间中所有实体的造型，想要完成这个目标，最重要的能力就是正确使用点、线、面等造型元素，特别是地面、墙面以及天花板等关键要素，明确其排列组合。地面、墙面以及天花板是室内空间的边界，确定了空间的大小和范围，而室内的家具、装饰品等都是空间实体的重要组成。对此，设计师需要将其转化为抽象的点、线、面、体等基础元素。通常情况下，这些基础元素并不是独立存在的，而是按照一定规律组合在一起，设计师可以根据这些元素之间存在的视觉关系确定其真实形态和大小，以及对应的比例，同时以立体构成的形式美原理为核心设计室内造型。

设计师设计出的空间实体造型对空间环境的氛围以及个性都有影响，为了保证设计出优秀的室内环境，可以根据构成规律对不同要素进行多样化的分割或组合，最后确定对应方式。比如，客户想在墙面上挂一些装饰品，可以是照片，也可以是名画，此时设计师需要考虑墙和装饰品的组合方式，可将墙面视作一个大型的、独立的平面，每一个装饰品是一个小型的、独立的平面，那么墙与装饰品的组合其实就是面与面的组合。设计师根据立体构成的形式美原理不断变化装饰品在墙面上的位置，最终使墙面和装饰品完美融合在一起，展现出特殊的形式美。如果客户想在客厅放一个电视柜，此时设计师就要考虑电视柜和电视之间的组合方式，可将二者都视为体，即电视与电视柜的组合其实就是体与体的组合。设计师在设计时首先要保障电视可以供人看这项基本功能，然后确定电视柜和电视的大小、颜色、材质、位置等方面，保证空间完整、统一。如果客户想在室内放置一些单独的装饰陈列品，这些事物与整体空间相比体积相对偏小，且不与其他元素勾连，可视为单独的点，即将它们视为点的组合，设计师只需确定其颜色、位置不与整体风格冲突即可。总而言之，设计师在逐一实现设计要求时要充分、合理地运用、处理点、线、面、体之间的关系，且保证其与整体风格相匹配，遵从形式美原理，只有这样才能保证设计出的室内空间是符合要求的、完美的。比如，位于新西兰的奥克兰妇女保护协会教育中心的设计师在设计礼堂时，就提前确定了整个礼堂空间的主体要素，如柱子、座椅、灯光和墙面；然后使用立体构成的方法将所有实体抽象化，利用墙面将整个空间分割成多个区域；最后将座椅、柱子和灯具视作抽象的线和点并放到恰当的位置，用于衬托主体，使得整个空间处于平衡状态，给人以安定、祥和的感觉，且在中正之间透露着理性和秩序。

二、室内陈设设计中点、线、面的构成

设计师在设计室内空间时都会设计家具、装饰品、灯具等事物，这些事物属于空间实体，但这些实体在设计时可抽象化的形态不一定相同，可以抽象成点，对其进行集中或分散处理；可以抽象成线，对其进行分割或排列处理；还可以抽象成面，对其进行展示或围合处理。

通常情况下，设计师在设计之前会对空间实体进行处理，也就是将其抽象成点、线、面，然后设计造型。这样做既能保证整体空间的完整性、统一性，还能保证空间实体能发挥自身的基本功能，而且更有利于设计师从整体上把握造型以及空间实体的位置。实体家具的主要作用是划分空间、发挥功能，如床可以抽象成面，沙发可以抽象成线，这样沙发和床就明确划分出一个专用于休息的区域；艺术品、工艺品、灯具等体积相对偏小的实体装饰品的主要作用是装饰，可将其抽象成点，通过变换其形态、内容，凸显其在整体空间中的特殊地位，吸引人们的目光，衬托整体风格。设计师在将所有空间实体抽象成空间构成中的点、线、面后，就可以使用立体构成的相关技法，遵循立体构成的形式美原理确定不同要素的位置和组合方式，构建一个平衡、稳固的室内空间。

三、从立体构成的形式美原理分析点、线、面在室内设计中的应用

室内空间包含各种构成要素，如家具、门窗、地板、墙面等，每个元素都有自己的颜色、形态和质感，设计师在设计过程中可以将其抽象成点、线、面、体。此处从点、线、面构成的角度切入，研究立体构成的形式美原理在室内设计中的应用。点、线、面是空间构成的基本元素，设计师通过合理运用点、线、面等元素的排列组合，可以丰富空间内容、划定空间边界，对空间的个性以及蕴含的内在情感产生重要影响，从而收获理想的形式美。室内设计中常用的组合方式有对称与平衡、节奏与韵律、主从与重点、对比与统一，设计师通过运用这些组合方式构建平面组织关系，实现设计空间的形式美。

（一）对称与平衡

所谓的对称，是指点、线、面等元素在某个方向上存在一个与其完全相同的形。从某种意义上讲，保持对称是实现空间平衡最好的方法。对称还能发挥一定的装饰效果，对中心起到烘托作用。"如果艺术过分强调秩序，同时又缺乏具有活力的物质去排除，就必然导致一种僵死的结果"。[1] 显然，对称对设计有利，但绝对对称却会丧失个性，破坏自由美。

平衡是在对称的基础上形成的一种特殊效果，对称只是简单的形相同，平衡是总体上的感觉相同。在室内设计当中，平衡并不是绝对对称，而是一种带有自由韵味的对称。如果设计师在设计对称形时保持稳定的视觉重心，所得的形是平衡的，且富有自由的美感。室内空间的功能和整体风格与点、线、面的对称和平衡以及空间构图有很大的关系。通常情况下，处于一个空间面中的点是固定的，点的对称与平衡就是点处于中心不动，如果点偏离了中心，就会变成一个动态的、运动的，不仅对空间的平衡产生影响，还能让人感到紧张。所以，点在室内空间的位置对空间的平衡影响很大。

线与点不同，线本身就有方向，会朝着不同的方向延伸，对人们的视觉平衡起到一定的调节作用。比如，水平方向延伸的线会让人感觉空间是平稳的，而垂直方向延伸的线会让人感觉空间是变化的或者动态平衡的。线的对称与平衡在室内空间中的显著表现形式是轴线，轴线可以是实线，也可以是虚线，可以被人感知到。设计师通过合理地运用轴线将不同的形体连接在一起，形成各不相同的空间环境。曲线的平衡感是通过造型来展现的，曲线的婉转变化、顺畅流动都能让人赏心悦目，感受其中显露的平衡，凸显空间的审美趣味。

面的对称与平衡是所有元素的对称与平衡当中设计师最常用的、人们总是能感知到的一种。比如，设计师在设计西餐厅的室内空间时，选择了三幅装饰画，两幅绿色，一幅红色，这三幅画可抽象成三个独立的面，面通过色彩转化成空间的物质形态，在确定位置时可将红色装饰画放在中间位置，绿色装饰画放在两侧，即中间装饰画为对称轴，实现对称的美感。

点、线、面这些由实体抽象成的视觉要素在室内空间中不是单独存在的，它们之间有着密切关系，既相互作用，又相互联系。设计师通过合理地使用点、线、面的组合方式构造出各式各样的造型，充实空间形式美。空间所体现

---

① [美]阿恩海姆：《视觉思维 审美直觉心理学》，滕守尧译，光明日报出版社1987年版，第21页。

出的对称性和均衡感也都是由点、线、面之间的相互影响产生的。

（二）节奏与韵律

此处的节奏指的是根据一定规律进行的重复，韵律指的是根据一定规律发生的变化，两者之间存在着密切关系。节奏和韵律本身属于音乐领域的概念，节奏指的是"音的强弱交替的某种规律按周期不断重复出现的现象"。[①]韵律指的是"诗歌中的声韵和格律，主要包括音的高低、轻重、长短变化的组合，音节和停顿的数目，押韵的方式和位置，以及段落章节的构造"[②]。音乐和艺术其实是相通的，人们可以借助音乐来了解和感悟艺术设计的节奏和韵律。音乐可以展现人对抽象世界的体悟，所以，从某种意义上说，理解艺术设计的节奏和韵律其实就是从感性的角度理解抽象世界。

通过空间环境的节奏和韵律可以清楚哪种表现形式能赋予造型更强的生命力、赋予形态更多的律动感。室内空间的节奏和韵律是由空间中某些构成要素按照一定规律经过多次重复和变化后得出的，能在不经意间吸引人的目光，聚焦人的视觉。对室内设计来讲，这种独特的节奏和韵律不仅具有较高的研究价值，而且意义更加深远。人们关注和重视这两个概念主要是因为它们是艺术设计秩序美和形式美的关键表现手法。"节奏和韵律充满了流动和运动的感觉，这种不规则的序列，能产生令人意想不到的感染力，形成外观上使人惊异的一些部位"[③]。

在室内设计中，设计师通过重复、变化地运用点、线、面的排列组合，增强了空间的节奏感和韵律感，丰富了空间的形式美，使空间显得更加规整，更具气势。对室内空间来讲，点、线、面等元素就是整首音乐中跳动的音符，为空间注入生机和活力，带来自由和美感，并将空间凝聚成统一的整体。

（三）主从与重点

在室内设计中，空间的统一是非常重要的，这就需要设计师正确处理空间各个构成要素之间的关系，分清主次，凸显重点，使整个空间显现出一种和谐的美感。通常情况下，设计师在设计时对空间构成进行艺术处理是很有必要的，应将主题作为"趣味中心"的重点，吸引人们的目光，聚焦人们的视觉。如果空间没有中心，所有构成要素不分主次，不仅会让人感觉平淡、松散，还

---

① 张宪荣：《现代设计辞典》，北京理工大学出版社1998年版，第227页。
② 夏征农主编，章培恒等编著：《大辞海 中国文学卷》，上海辞书出版社2005年版，第8页。
③ ［美］托伯特·哈姆林：《建筑形式美的原则》，邹德侬译，中国建筑工业出版社1982年版，第143页。

会破坏空间的统一性。

在设计空间的中心或"趣味中心"时，最简单的方法就是合理地运用点、线、面这三种视觉语言，通过对它们的内在关系、空间整体风格和功能进行综合比对后，将其中一项作为重点，充分凸显。比如，设计师在设计大厅时可以选择一个特殊的吊灯，并将其作为空间中心、视线焦点，这样做能使吊灯形成一种特殊的引导张力，使人产生一种向上延展、纵深增强的空间视觉感受。

设计师在室内设计中可通过烘托、对比、渐变等设计技巧来形成、凸显重点，同时结合空间构成要素的大小、明暗、虚实以及不同的质感来强化主题。比如，泰国曼谷的 JW Marriot Hotel Bangkok，它的大厅中飘着许多白色条带，这些白色条带就是整个设计的关键，通过条带的曲线来弱化大厅的规整直线，不仅让大厅充满了柔和的气息，还通过质感和虚实的对比活化了呆板的气氛，丰富了空间的层次感。

（四）对比与统一

在室内立体构成当中，对比是一项特别重要的原则。空间的构成要素通过对比展现自己的特点和面貌，增强形体对人体视觉器官的冲击感，还能改变形态的呆板，使其富有生气、活泼、动感的形态特征。

统一与对比刚好相反，是通过增强构成要素和空间整体的共性，使空间显得更完整、更和谐。如果构成要素的形态过度变化，就会使整个空间看起来支离破碎，根本没有完整的感觉。但是，如果构成要素的形态太过统一，又会使空间显得太过单调、刻板、缺乏灵动感。所以，设计师在设计时应以统一为前提，使构成要素的形态实现局部的、有秩序的变化。换言之，艺术作品既要注重量也要注重质，只有这样才能实现其价值，这就需要设计师协调统一空间构成的各个要素。

总而言之，设计师需要将实际空间中的各种实体抽象成具有三维立体特征的点、线、面等构成要素，并用相应的立体构成法则安排其所表征的实体在空间中的排布，使这些构成要素和整体环境组合成一个理想的空间。设计师可以通过对对称与平衡、节奏与韵律、主从与重点、对比与统一等组织方式的巧妙运用，充分考虑设计需求，进行空间边界的限定和空间内容的丰富，获得形、量、力均衡稳定的空间效果，产生理想的形式美，使构成的空间不仅具有实用功能，还洋溢着生动丰富的视觉形象美，使室内空间环境的实用性、艺术性得到统一和加强。

第四章　色彩与现代室内设计

第一节　现代室内设计中色彩的概述

一、色彩的认识

（一）色彩的内涵

感知颜色是人们认知外在世界的一种重要手段。由于色彩因物体反射光线而产生，想要在真正意义上认识色彩，就要首先了解光。

光是一种具有特殊性质的"电磁波"，不同的光表现出的波长不同。在完整的电磁波波长中，人眼只能看见极小的一段，即处于 380～780 纳米波长范围内的电磁波，人们将之称作可见波谱。光本身不具备色彩属性，多种波长不同的电磁波混合就形成了光。实际上，色彩是人脑对不同视觉刺激的反应，而并非物体本身具备的属性特点，当太阳光投射到物体上，其中一定波长的光能被物体吸收，不能被吸收的光在物体上发生了反射或折射，这种反射或折射出来的一部分光就是人们眼睛所看到的物体的颜色。

最早以科学方法研究色彩的人是艾萨克·牛顿。1676 年，艾萨克·牛顿利用"三棱镜"的镜面折射作用，将一束看似无色的太阳光折射出了大致具有七种颜色的光带，这些光的颜色大致为赤、橙、黄、绿、青、蓝、紫，这是人类现代意义上得到的第一个色彩光谱。

随着现代科学研究的不断进步，人们已逐渐证实，人眼可以辨别一万七千余种颜色种类。人们将色彩的概念总结为不同波长的光刺激眼睛所产生的不同的反应。同时，色彩与形是一个整体概念，具体的色彩需要通过具体的物来呈现。

综上所述，人对色彩产生视觉感受主要基于以下三种因素：光、物体反射光、光的反射刺激人的视觉器官。在物体上投射不同波长的光，物体反射出来的光刺激人的视觉器官，就形成了物体的"色彩"。

（二）色彩的属性

色彩主要包含有彩色系和无彩色系两类。其中，有彩色系指可以显示色彩纯度与色相属性的色彩范畴，即有彩色系具备了色彩全部的色相、明度、纯度三种属性；而无彩色系是指黑色和白色以及黑白之间出现的一系列灰色，其没有色相与纯度的变化，只有明度的变化，作为颜料，黑色与白色可以改变所有彩色的明度与纯度。

1.色相

色相即各种颜色的相貌，用以区别各种色彩名称，是色彩的最大特征。对单色光来说，色相完全取决于该光体的波长；对混合色光来说，色相则取决于各种光体的波长。物体的颜色是由光源的光谱成分和物体表面反射（透射）的特性决定的，培养识别色相的能力是准确表现色彩的关键。

2.明度

明度又称光度或鲜明度，是指色彩的明暗程度。无论投射光还是反射光，光波的振幅越宽，色彩的明度越高。

白色的反射率很高，将白色混入其他颜色，可以实现混合色的反射率与明度的有效提高。混入的白色越多，明度提高的程度越高。黑色的反射率很低，将黑色混入其他颜色，可以实现混合色的反射率与明度的有效降低，混入的黑色越多，明度下降的程度越高。

灰色在色彩中的明度处于中等水平。黑白与各种明度不同的灰色组合，可以构成具有秩序美的明度序列。

3.纯度

色彩的饱和程度或纯净程度称为纯度，也称彩度、饱和度等。人眼对不同色彩的纯度的分辨能力不同，对红色的分辨能力最高，对蓝、绿色的分辨能力最低，因此红色最鲜艳。无彩色系没有色相，所以其纯度为零。

二、现代室内设计中色彩表现的来源

（一）源于中国古代工艺美术

1. 漆器

汉代的漆器以红、黑两色为主要颜色。漆器最美的颜色就是相互搭配的黑、红二色，这两种颜色赋予漆以质感与光泽。大漆中的黑色，给人以含蓄、别致之感，作为道家哲学崇尚的色彩，表现了对人性回归自然的高度提炼。在节奏日益加快的现代社会生活中，很多人想要使人性回归自然，因此将适当的黑色用于室内设计。因漆中的红色，采用了"朱山朱水""金花金鸟"这种单纯、强烈、夸张的色彩，具有很高的纯度与明度，灿烂绚丽，表现出浓厚的民族特色，与中国人的审美标准相符。

2. 唐三彩

唐三彩闻名于世，其釉彩以绿、黄、赭、白为主，可根据人们的审美变化将这四种色釉使用在陶瓷上。唐三彩的举世闻名与唐朝繁荣的经济文化息息相关。唐朝时期，统治者思想开放，与世界各国保持着密切的交往，人们的审美视野因此不断开阔，人们审美境界的提升造就了唐三彩的雍容华贵和美轮美奂。在室内设计，尤其在某些高端会所的室内装饰中，设计师就可以利用这种色彩丰富变化的手法，营造品位与奢华共存的空间氛围，使空间给人以雍容华贵、厚重奢华之感。

3. 瓷器

由于宋代统治者信仰道教，宋瓷用色赋彩都与时代审美特点相一致。在用色上，宋瓷色调简洁，追求静润高雅、质朴天真，具有独特的审美情趣，其中的青釉最能体现这一点。在宋代11个名窑中，青釉占6个。宋青釉以其独特的天青色著称，人们赞誉其"美如青玉"。汝窑青瓷釉汁厚如堆脂，以淡青为主，多豆青、粉青、月白葱绿等；釉层薄而莹润，釉泡大而稀疏，有"寥若晨星"之称。更具特色的是宋代福建建阳的建窑瓷器，其以烧黑釉瓷闻名于世，其中的兔毫、鹧鸪斑、油滴、玳瑁斑等充满天然色泽，别致美观。在室内设计中，现代主义的简约风格与此有异曲同工之妙。同时，宋青釉用色静润高雅，其清新自然之风成为现代室内设计之选。"元青花瓷以天然钴料为色料，在白瓷坯胎上用笔描绘纹饰，再施一层透明釉，最后在高温中烧成，具有中国国画的笔风韵味。"①元青花瓷质细而色白，釉下彩的蓝色彩绘，白色配蓝色，肃静洁雅，意蕴丰富，雅俗共赏，重点突出青蓝白色系，如能在室内设计中局部应用，将会别有一番风味。

（二）源于中国古代绘画

中国古代绘画技法主要有三种，分别为写意、工笔、兼工带写，富于传统特色。中国画讲求"以形写神"，追求一种"妙在似与不似之间"的感觉。中国古代绘画中墨色的运用是中国传统艺术典型的中国元素之一，非常有借鉴价值。墨色被古人尊称为"玄"，具有"玄之又玄"的"道"的深意。

墨色分浓、淡、干、湿、焦五色，层次分明。运用墨色的浓淡、干湿、疏密变化能够营造多种不同意境，这些意境可分为三类：第一类为磊落大方、光明祥和的意境，第二类为高贵典雅、秀丽挺拔的意境，第三类为深沉厚重、恬静肃穆的意境。在进行室内设计时，设计师可将中国传统绘画手法与人们对空间氛围的需要相结合，创造出兼具传统与现代特色的意蕴。

（三）源于中国民间艺术

除了生活用品，设计师还可以借鉴中国民间艺术如年画、剪纸、皮影、彩塑、刺绣、风筝等进行室内设计的色彩搭配。下面从皮影、年画和刺绣三方面着手举例叙述。

1.皮影

皮影是一种使用纸板或者兽皮等材料制作而成的人物剪影，皮影表演这一民间艺术形式因拙朴、富有趣味深受人们喜爱。我国地大物博，皮影在发展过程中逐渐分化为西北皮影和东北皮影，其中西北皮影以陕西为代表，东北皮影则以河北为代表。皮影道具在色调上以红、黑、黄、绿为主，在色彩的搭配与运用上善于用高纯度的红、绿色做对比，再用黑白调和晕染，以此达到整体和谐的效果。皮影用色奇特，要求使用简洁的色彩配合国画创作所使用的晕染手法，营造出变幻无穷的色彩效果。在进行室内设计时，设计师可借鉴其色彩简洁这一特点，勾勒出富于变化的色彩细节，打造出主次分明而又整体和谐的装饰效果。

2.年画

年画是我国特有的绘画形式，主要用在新年时，含有吉祥喜庆之意，通常

---

① 张建珍：《元青花对现代陶瓷艺术的影响》，《佛山陶瓷》2012年第2期，第51-54页。

作为"门神画"张贴在大门上，对环境有一定的装饰作用。我国不同地域具有不同的风俗，各地年画的色彩因此具有不同的特点。

借鉴四川绵竹年画用色大胆的特点，室内设计可以灵活运用桃红、猩红、金黄、佛青（近似兰原色）、草绿这几种艳丽的色彩，渲染明快强烈的色彩节奏，打造热烈红火的节日艺术氛围，同时在对比强烈的色彩中间巧妙地穿插黑、白、金、银等色彩的线与面，平衡整体画面效果。

借鉴苏州桃花坞年画雅致趣味的特点，室内设计可以主要采用黄、绿、红、蓝、紫这五种颜色，将之套印在墨线之上，创造大面积色块，使整个空间内部形成强烈的色彩对比，以此打造雅致、清秀且具有浓郁装饰趣味的江南水乡风格。杨柳青年画以红绿黄为主色，天津杨柳青年画敷彩明快鲜艳，手工渲染效果具有浓郁朴实的生活气息，采用"半印半画"的色彩运用方式，保留了版画的刀法韵味，又融入了绘画的笔触色调，我们可以将其特色运用在室内设计中。室内设计某些具有民族区域的厅装饰可以通过吸收山东潍坊的杨家埠木版年画寓意夸张的象征色彩，用古拙质朴的手法构成轮廓，再套印上红、绿、黄、紫两组色彩，形成鲜明的对比，形成具有装饰趣味的、简洁大方的色彩画面，体现民族风格。

3. 刺绣

刺绣是我国民间传统手工艺之一，其门类主要包括苏绣、湘绣、蜀绣、粤绣四种。"劈丝拼色"是苏绣特有的拼色手法，这一拼色手法可以应用于室内设计中，增强室内设计的时代装饰性。除"劈丝拼色"之外，苏绣秀美雅致的着色也可广泛用在室内设计中，展现东方美。

湘绣在用色上具有"万色皆备"的特点，采用掺针参色的刺绣工艺，根据绣制内容的质地，巧妙调和各种原色花线，创作出五彩斑斓、出神入化的刺绣作品。室内设计可以借鉴湘绣掺针参色的手法，结合材料质地，对各种色彩进行调和，创造出色彩缤纷、和谐的艺术装饰效果。

蜀绣又名"川绣"，用色上具有细腻光亮、明快圆润、浑厚饱满的特点。室内设计中，可借鉴蜀绣色彩运用的特点，用丰富的色彩对室内环境进行细致的填充与装饰。

粤绣的风格深受当地民风民俗和外来美学气息的影响，在用色上要求对比强烈，讲求色彩明快，画面丰满，并多用金线勾勒刺绣花纹的轮廓，最终呈现的效果绮丽多彩、艳丽华贵。室内设计可以借鉴这一特点，利用对比强烈的色彩并注重材料本身质感与层次关系的处理，鲜明地表现出画面的层次感，再广泛采用金银色线条来勾勒装饰内容的轮廓，打造繁缛艳丽、色彩雍容的装饰效果。

（四）源于中国传统图形元素

中国传统图形大都"意必吉祥、图必有意"。中国传统图形元素在中国各民族文化内涵的传播上有其不可取代的优势，在民间的风俗中用于传递美好的祝福。因为对美好生活的追求，人们会赋予图形美好的寓意，随着时间的推移，慢慢沉淀出寄托在图形中的吉祥观念。在现代室内设计中恰当地运用这种观念，可以展现具有中国文化特质的一面。中国的传统图形有着丰富的寓意，有多子长寿、纳福迎祥、升官发财、驱邪避恶等；其相对应的吉祥造型也类别繁多，有石榴、牡丹、松竹梅、宝相、桂莲、欢等吉祥植物，有龟、凤、龙、鹤、象等吉祥动物，还有许多吉祥文字，等等。在商业空间方面，设计师恰当地应用图形往往会获得很好的商业效益。例如，深圳中信广场四楼的一家火锅店一开业就引来一片赞叹之声，一时间观者如堵。它有一个优雅的名字——"浅花涧"，天花板上大朵瑰丽明艳的蓝莲花肆意绽放，绚丽至极，也优雅到了极致。

总而言之，色彩具有自然性特征和社会性特征。色彩在室内空间中应用效果的好坏，应结合特定对象的定位、意图和表现目的来辨别，不同地域、不同对象所对应的室内设计风格需求也各不相同，对此，现代室内设计师需要做的就是深刻理解色彩具备的自然性特征与社会性特征，处理好色彩本身功能与传统色彩特征的关系，以经济、有效、直接的手段赋予室内空间以丰富的情感。

三、现代室内设计中色彩的属性及作用

（一）现代室内设计中色彩的属性

1.物理属性

（1）色彩的"冷"与"暖"

在现代色彩学体系中，按色相可将色彩划分为暖色、冷色和温色。暖色指色环中处于从红紫色到黄绿色这一区间内的色彩，橙色是其中的最暖色彩；冷色指色环中从青绿色到青紫色之间的色彩，青色为其中的最冷色。暖色与冷色处于色带的两极，处于这之间的色彩，如黄与青混合产生的绿色、青与红混合产生的紫色，都属于温色。根据利普斯"移情理论"，一般情况下，人类对色

彩的认知都需要靠相似或相同事物的情感错位实现。例如，青、蓝等冷色对应天空、大海等事物，常常能使人感到沉静、安宁；同理，红、橙、黄等暖色对应火焰、太阳、成熟的麦田等事物，总能让人感到热情、欢快；而紫、绿等温色对应温和的意境，总能使人感到平和。

（2）色彩的"远"与"近"

色彩不仅能给人冷与暖的感受，其"可视度"与"明度"还能影响人对空间尺度的视觉认知，使人产生错觉。通常情况下，暖色系高明度的色彩都有一个向前推进的力，能产生空间拉近的视觉感受；而冷色系低明度的色彩，则可能因为其"可视度"低，常给人以空间疏远、后退、深邃之感。在室内空间设计中，适当利用不同色彩所具备的多元心理属性，可以改变空间给人的视觉感受。

（3）色彩的"重"与"轻"

人们在评价一个空间中的颜色时，常说某颜色看起来好轻，或者好重，虽然这只是感觉方面的判断和表达，但要想从颜色与空间这两方面深究其原因，还要将之归为色彩的纯度与明度的问题。亮色常给人以轻松感，因此带有一种向上的运动感；而暗色常给人以沉重感，因此带有向下的运动感。在室内设计中，设计师可以对高纯度、高明度的色彩进行灵活的运用，营造出空灵轻盈之感；相反，巧妙运用低纯度、低明度的色彩，能打造出使人感到踏实、平稳的空间。可见，在室内设计中，色彩对形式美的视觉作用十分重要。

（4）色彩的"强"与"弱"

在室内设计中，色彩"强""弱"对比的运用十分广泛。色彩在空间中表现出来的层次变化，均是通过色彩之间的强弱对比关系呈现出来的。色彩在空间中以某种强弱关系组合在一起，可以强化空间的视觉节奏。例如，在室内空间中，若使用暗色作为墙面背景色，再以色彩明亮鲜艳的陈设物进行点缀，就能突出其中的空间关系，给人以整体协调和谐的色彩感受。

（5）色彩的"软"与"硬"

在室内设计中，色彩的"软"与"硬"可以通过材质突出呈现出来。在家居空间中，色彩的"软"与"硬"能通过布艺饰品来体现，尽管布料本身具有的属性是柔软，但通过强调不同色彩，柔软的布料也能使人产生"软"或"硬"的视觉错觉。例如，在室内空间中，将中性色调的粉色、绿色，浅色系的黄色、蓝色等用在质地轻薄的织物上，就能使人从视觉上感到该织物的明亮、柔软；而将暗红色、暗赭色等暗色系色彩用在呢绒类等较厚重的织物上，就会使人从视觉上认为该织物质地厚重，质感较硬。

2.心理属性

人的感官接收并处理外界信息后所得到的感受就是人的心理感知。色彩能够在不同程度上影响人的感官感受，也可以用于表示人的心理与情感变化。同一种色彩往往能够使不同的人产生不同的心理感受。人的感官能够将外界给予的物质能量和物力刺激转化成一种神经冲动，这种神经冲动传输到人的大脑后，会刺激人产生对应的感知与感觉。人的大脑具有情绪、记忆、思想等高级机能，这些机能的运转能促进人的心理、感情发生变化。在面对不同的色彩和光照时，人的感官受到的外部刺激是不同的，它们会向大脑传输不同的神经冲动，这就会触发人体的情绪、记忆、情感及思想等不同机能产生不同反应，从而使人产生不同的心理变化。长期的设计经验证明，在室内设计中，色彩纯度与明度较高的空间，通常能使人产生积极向上的心理状态；相反，色彩纯度与明度较低的空间，容易使人产生消极的心理状态。

3.生理属性

色彩的生理属性指的是在某些具体应用中，色彩的变化对人身体、感官造成的生理影响。从一定意义上说，色彩是光折射入人眼后的一种视觉现象，将其应用在产品、器物以及环境中，能影响人的生理。从这一点出发，色彩对人体的生理具有一定的调节作用。在室内设计方面，对室内的色彩进行合理科学的搭配和使用，能使人的生理与视觉感受达到某种平衡状态，在这种状态下，人能获得和谐、舒适、宁静、温馨的感受。

（二）现代室内设计中色彩的作用

1.美学效应

（1）增强视觉美感

色彩是一种视觉信息，感知色彩的美感是人的天性和本能。婴儿在出生1个月后就能看到以红色为主的颜色，3～4个月就能看到和分辨多种颜色，尤其偏爱绿色。在室内设计方面，人们能感知到空间环境内一切环境要素的色和形，而对色的感知先于对形的感知。因此，在创造室内环境的视觉美感时，色彩在很多方面都起到了至关重要的作用。

首先，色彩对室内环境设计具有增加变化或者协调统一的作用。使用不同样式的图案或者变换使用色彩三要素，可以创造出变幻无穷的色彩形象。在室内设计中，可利用色彩有效增加室内环境的变化或者打破单调。例如，用不同的色彩在使用了统一材质的地面上创作图案，可以产生理想的视觉效果；在界面上利用彩色线条进行适当的装饰，可以打破其单调感。

室内环境中常设有如家电、家具、织物、陈设等各类构成要素，这些构成要素具有不同的材质、色彩、形状和质感，组合起来可能会使人感到凌乱。如果将这些物品设计成同一色彩，以整体性较强的单纯色彩关系概括各种复杂的形象关系，就可以有效增强空间环境的统一感，使整个空间环境呈现出大方、明快的视觉效果。利用色彩实现空间环境的统一的一个典型例证，就是在住宅中运用统一花色的织物装点空间，使空间整体更加和谐、统一。

其次，色彩有助于突出空间各构成要素的形体。无论是对比强烈的色彩组合，还是高纯度的色彩，都具有很强的诱目性。在室内设计中运用色彩的这一特性，使用与其他部位不同的颜色处理某一特别部位，能对该部位起到很好的突出和强调作用，可以将人的注意力有效地吸引到这一部位上。

最后，色彩有助于空间环境视觉中心的创造。装饰物的陈设、器物的组合以及室内空间形态都能使人在视觉上感受到其主次关系，这里的"主"就是视觉中心，即视觉的焦点。视觉中心是室内视觉环境中必不可少的一部分，只有具备视觉中心的室内视觉环境才是完整的。视觉中心不仅可以通过材质对比、空间处理、灯光运用、造型设计等手段来创造，而且可以通过灵活运用色彩来强调，如可以利用醒目的色彩将人的目光吸引到视觉中心。

（2）渲染环境氛围

对于室内空间环境氛围的营造，无论是缤纷艳丽、富丽堂皇，还是淡雅清新、纯朴简洁，都需要依靠色彩来实现。在渲染室内环境气氛方面，色彩的作用无可替代。人们对色彩的感受和认识是经过长期的实践经验形成和获得的，色彩与人类的感情具有一定的联系，色彩也因此具有了直接、感性且易于被人们感知的特征，因此可使用不同格调的色彩营造不同的环境氛围。

第一，色彩具有冷暖感。蓝、绿等色常被视为冷色，这类色彩对人眼产生的刺激较小，常给人以舒适、安静之感；而红、黄、橙等色常被视为暖色，这类色彩对眼睛产生的刺激较大，观看暖色物体的时间过长或长时间处于暖色环境中容易使人产生疲劳、不适、烦躁的感觉。

第二，色彩能营造活泼或忧郁的氛围。纯度和明度高的暖色系色彩，如红、黄、橙等色常给人欢快活泼之感，因此阳光明媚的房间的氛围一般都是轻快活泼的；反之，冷色系中明度和纯度较低的蓝、绿等色彩会使人产生忧郁之感，因此光线浑浊的房间的氛围通常是忧郁苦闷的。可见，色彩的冷暖、明度、纯度都会影响人的视觉感受，影响环境氛围的营造。

第三，色彩能渲染兴奋感或沉静感。在色环上的诸多颜色中，凡是具有高明度和高纯度的颜色，皆有强烈的性格，如红、黄、橙等色可使人感到兴奋，因此被视为兴奋色；蓝、绿等色能使人感到沉静，因此被视为沉静色；黑色、白色可以使人产生紧张感；纯度低的颜色以及各种灰色能使人感到舒缓；纯色的紫和绿属于中性色彩。一些公共建筑会在室内环境设计上使用兴奋色，以渲染明亮热烈的气氛，而办公室、医院、旅馆客房、住宅等空间则常使用沉静色，营造柔和宁静的环境气氛。

第四，色彩能表现出朴素感或烘托出华丽感。色彩可以使人感到朴素，也可以使人感到华丽。通常情况下，使用纯度低、明度低、冷色系的色彩可以表现出环境或物品的朴素，而使用纯度高、明度高、暖色系的色彩则能使空间环境具有华丽的装饰效果。另外，金银色与白色虽华丽，但配合黑色使用时会变得朴素。

（3）表达象征意义

在生活中，人们会有意识或无意识地记忆各种色彩。人们在观察色彩时，还常常会联想起与该色彩相联系的其他事物，如看见嫩绿色便想到了春天，而看见金黄色自然会联想到硕果累累的秋天。这些关于色彩的记忆和联想，久而久之几乎固定了色彩的专有表达方式，逐渐形成了不同色彩各自的象征含义。于是，一些具体的事物与抽象的概念常常用色彩来表达，某种色彩便能够使人产生某种感情，引起某种联想。

室内环境常常可以运用色彩来表达特定的象征意义。例如，红色是中华民族喜爱的颜色，因此在一些公共空间中，红色经常被用来象征中华民族，尤其在官方建筑中，红色的地毯、幕布几乎是必不可少的。

（4）体现个性特征

色彩的组合方式与色彩格调的组合类型可以有无限种。在室内空间设计中，如果追求古典风格，则可以使用明快的栗木色与白色的组合；如果追求前卫风格，则可以全部采用无彩色系的颜色组合，如组合黑色、白色和各种程度的灰色。不同的组合方式具有不同的特征，可结合设计意图采用适当的组合搭配，使室内空间充满个性。

2.调节效应

（1）对室内"小气候"的调节

色彩的冷暖感对室内环境"小气候"的影响是非常显著的。例如，在蓝绿色调工作室内的工作人员，当室温为15℃时开始觉得寒冷；而在红橙色调工作室内的工作人员，当室温下降到11～12℃时才开始觉得寒冷。由此可见，不同色彩对人的温度感觉的影响相差3～4℃，其差异程度之高不容忽视。

红色能在一定程度上使人脉搏加快、血压升高，青色与之相反，能使人的脉搏减缓、血压降低。可见色彩不仅能使人在心理上产生温度感，还能产生一定的生理反应。因此，建造在热带地区的建筑物常使用浅淡的沉静色装饰室内外空间，使人感到清爽凉快；而在寒冷地区的室内色彩设计上，除了面积较大的墙面、天花板等，其他部分常使用较深的颜色。同一建筑的不同房间也可以使用不同的颜色，根据朝向不同采用冷暖效果不同的色彩，如朝北的房间多使用暖色，可烘托空间的温暖感；运用冷色装点朝南的房间，可以增强空间的清凉感。色彩热吸收系数见表4-1。

表4-1　色彩热吸收系数

色彩	热吸收系数（P）
白色、浅黄色、淡绿色、粉红色	0.2～0.4
浅灰色、深灰色	0.4～0.5
浅褐色、黄色、浅蓝色、玫瑰红色	0.5～0.7
深褐色	0.7～0.8
深蓝色、黑色	0.8～0.9

（2）对室内采光状况的调节

古埃及人很早就自发地运用色彩调节原理了，因为当地的建筑为了防晒很少用窗户，为了改善室内的采光效果，将墙壁涂上明亮的颜色以更好地反射光线。

色彩在本质上原是反射的光线，由于各种色彩的反射率不同，色彩对于室内采光状况的调节具有显著的效果。早在1942年，布雷纳德和梅西就对不同色彩的天花、墙面的照度利用色彩热吸收系数进行了研究。穆恩还对墙面色彩效果做了数学分析，指出当墙面反射率增至9倍时，照度增加3倍。色彩的这一作用对建筑节能也具有重要意义，有效地运用色彩可以减少人工照明量。

色彩的反射率主要决定于明度，孟塞尔色系无彩色理论中的反射率见表4-2。相对来说，色相对于光线的调节性能较为薄弱，而且各种色相的反射率与明度有直接关系。一般来说，色彩的纯度越高，反射率越大，但也要与明度相互配合方能决定其反光性能。

表4-2　无彩色反射率

色名	白	N9	N8	N7	N6	N5	N4	N3	N2	N1	黑
明度	10	9	8	7	6	5	4	3	2	1	0
反射率	100	72.8	53.6	38.9	27.3	18.0	11.1	5.9	2.9	1.12	0

（3）对室内空间的调节

人的空间知觉深受室内环境色彩的影响。色彩本身能够引起人产生视觉上的错觉，作用于室内环境中，可达到调节室内空间体积或面积大小的效果。根据这一原理，可利用色彩对室内空间中太大或太小、过矮或过高的现象进行适当调整。

根据色彩的特性可以发现，暖色系、明度高和纯度高的色彩具有前进性；相反，冷色系、纯度低且明度也低的色彩具有后退性。当室内空间给人过于宽松的感觉时，可以运用前进性色彩对墙面进行处理，使空间产生紧凑的效果；当室内空间使人感到过于狭窄时，则可以运用后退性色彩对墙面进行处理，使空间给人以开阔、宽敞之感。

色彩具有重量感。从原则上看，色彩的明度能直接影响其重量感，色彩明度高时则重量小，明度低时则重量大；当色彩的明度不变时，色彩的纯度越高重量越小，纯度越低则重量越大；当色彩具有相同的明度与纯度时，暖色系的色彩轻，冷色系的色彩重。因此，当室内空间过高时，可使用重量感略强的下沉性色彩装饰天花板，也可以使用上浮性色彩装点地面，以此实现对空间高度的调整。

另外，前进性色彩通常具有一定的膨胀性；反之，后退性色彩具有一定的收缩性。当室内空间使人感到空旷时，可以使用具有膨胀性较强的色彩装饰室内的陈设品与家具，使室内空间产生充实感；当室内空间使人感到局促时，可使用收缩性较强的色彩装饰陈设品和家具，以达到从整体上扩大室内空间的效果。

3. 健康效应

色彩能直接影响人的视觉健康。人眼长久注视任何色彩都会产生疲劳感，在注视时间相同的情况下，色彩的纯度越高，人眼的疲劳程度就越高。通常情况下，暖色系的色彩比冷色系的色彩对疲劳程度的影响更大，绿色不显著。当多种色相的色彩混合在一起时，色彩之间的纯度或明度差距较大，就易于使人疲劳。当人眼对色彩的疲劳感较强时，人眼中的色彩会发生明度升高、纯度降低、逐渐呈现灰色（略带黄）的现象，这就是色觉的褪色现象。人体的血液循环系统与肌肉的机能也受色彩的影响。例如，人手在不同色光的照射下其握力不同，橙黄色光照射下的握力比自然光照射下的强，红色光照射下的握力比橙黄色光照射下的更强。色彩还能影响人的神经系统，蓝色、红色能在不同程度上对人的神经系统产生激活作用。

了解色彩的生理作用，将之科学合理地运用在室内环境设计中，有助于利用环境色彩调节人的身心健康。

（1）增强空间舒适感

适宜的室内色彩环境会增强空间的舒适感。咖啡厅施以红、黄等暖色会倍增温感，冷饮厅施以蓝、绿色会令人更觉凉爽舒适，娱乐场所施以对比强烈的暖色系色调则显得更加欢快。只要色彩的运用与空间的使用性质相吻合，一般都会增强空间的舒适感。

（2）有益身心健康

色彩的各种效应都会对人类的身心产生很大影响，因此可以充分运用色彩的调节作用来促进人类的身心健康。绿色、中性灰色对人眼的刺激较小，因此持续用眼的空间场所就可以多使用这些颜色，如教室、办公室、图书馆；蓝色具有镇静作用，在卧室中施以浅淡的蓝色可以使人很快入睡。

（3）有利于疾病治疗

环境色彩能够在很大程度上影响病人的精神状态和身体健康状况。例如，将发高烧的病人安置于淡蓝色空间中，有助于平复病人情绪；褐色对低血压患者十分友好；孕妇多看紫色可以感到安定……由此可见，结合不同病康复需求，用不同的色彩布置病房，对患者康复十分有利。

（4）应用于安全标志

由于色彩具有唤起人第一视觉的作用，在生产、生活或工作环境中，色彩常常被作为一种安全标志，以引起人们的注意，使人警惕，或者引导人们疏散。安全标志广泛应用于各种建筑中的灭火器、消防栓、警报器等设备上。另外，在建筑室内空间中往往有一些文字指示或导向标志，它们的面积不大，却需要十分醒目，因而可以利用鲜明的色彩组合来提高其易见度。一般来说，增大明度差距，或者采用特定色相组合，都可以提高色彩的清晰识别程度。表4-3为易于分辨的配色。

表 4-3　易于分辨的配色

顺序	1	2	2	4	4	6	7	7	9	9
底色	黑	黄	黑	紫	紫	蓝	绿	白	黄	黄
图形色	黄	黑	白	黄	白	白	白	黑	绿	蓝

四、现代室内设计中色彩的特征与构成

（一）现代室内设计中色彩的特征

建筑室内的色彩既不同于绘画的色彩，也不同于建筑外观的色彩，有着其本身的特征。

1.实用与审美功能双重性

获得实用的空间是人们建造房屋的主要目的之一。建筑的起源便是原始人类为了遮蔽风雨、抵御寒冷、防止虫兽侵害而建造的赖以栖身的场所，因此室内空间环境的创造必须首先满足实用性要求。室内色彩作为室内环境品质表现的一个方面，也要满足该空间的实用性要求，而不是随心所欲的艺术创造。这一点与美术中的色彩运用有着显著的不同。美术中的色彩表现是出于艺术欣赏的目的，几乎没有任何实际使用功能，艺术家可以根据自己的主观感受尽情表达，而建筑室内的色彩却不得不受到建筑内容的约束。由于色彩具有一定的物理、生理和心理效应，对室内环境质量和人的身心健康都有很大影响，室内色彩本身也是室内环境中一个具有实用性的要素，而不是纯粹的装饰。

此外，色彩能唤起人的视觉美感，还可以创造各种各样的环境气氛，表达人的审美情感。

2.色彩效果立体性

建筑室内色彩的最大特点就是其色彩效果的立体性。绘画尽管表现的可能

是三维或四维空间的内容，但其所使用的语言是二维的。绘画作品的色彩只是在一个较小的、平面性范围内的表现，各种色彩并置在一起，体现着色彩关系。室内环境的色彩却全然不同，它给人的色彩感受是由不同物品、材料的复杂作用产生的。不同形体的色彩不是并置在一起的，而是有着前后、远近的层次和空间关系，整个色彩效果是立体的。同时，每一形体由于本身是立体的，其色彩面貌随着光影发生微妙的变化。

虽然建筑外观的色彩效果也是三维的，但却只能作为一种客体与人分离，人只是从外部来欣赏它，而室内则完全不同，它所使用的是将人包围在内的三维空间语言，就好比一座巨大的空心雕塑品一样，人们可以进入其中来体会和感受空间的效果，整个室内的色彩环境完全笼罩在人的周围，全方位地对室内环境的主体——人施加着影响。其他的艺术形式只是对人们某种生活认识的反映或生活方式的写照，而建筑空间则不同，它本身就是一种生活环境，是人类生活展现的舞台。

3.色彩感受动态性

绘画作品的色彩表现是一种静态的色彩组合，色彩关系一经确定，画面一旦形成，便长期固定在那里。而在建筑中，人不是静止不动的，而是在行进中，可以从连续的、各个不同的视点来观察建筑，所获得的色彩感受是一种动态的效果，人与观察对象的距离和观察角度不同，产生的色彩画面也各不相同。这种色彩感受不仅同观者的相对位置有关，而且与其文化背景、解读方式等都有一定的关联，况且"感受"本身也是一种运动。

室内环境的色彩效果还随着时间的变化而变化。在白天自然采光和夜晚人工照明的不同情况下，色彩效果具有很大的差别。即使同样的自然采光，春夏秋冬的季节变化和阴晴雨雪的天气变化都会使室内色彩有所变化。

4.色彩环境整体性

一个使用功能完备、形式完美的室内环境是由多个个体因素构成的统一体，包括可移动的家具、陈设、织物、绿化……不可移动的天花、墙面、地面等，种类繁杂。虽然这些个体有着各自的色彩特征，但它们一经组合在同一个室内环境中，就会以整体的室内色彩环境形象出现，因为人的视觉总是先对整体产生印象，而不是个体的形象。因此，室内色彩讲求的就是色彩的搭配问题。色彩效果的优劣关键在于配色的好坏。孤立的颜色无所谓美与不美。任何颜色都没有高低贵贱之分，只有不恰当的配色，而没有不可用的颜色。色彩效果取决于不同颜色之间的相互关系。同一颜色在不同的背景条件下，其色彩效果可以迥然不同，这是色彩所特有的敏感性和依存性。因此，如何处理好色彩之间的协调关系，创造整体和谐的色彩效果，就成为配色的关键问题。

5.多重因素制约性

室内色彩的运用不能如绘画那样随心所欲地发挥，除了有建筑内容的规定性以外，还要受到许多其他因素的制约，如材料的限制、采光的需要、所施展的部位、民族习俗、宗教特点、社会的流行趋势……进行色彩设计时要对这些因素予以充分考虑。

（二）现代室内设计中色彩的构成

室内色彩的范畴虽然是由许多细部色彩组成的，如室内空间界面、家具陈设、布艺软装饰等，但是从总体的表现形式来说，它应该是一个和谐的整体。笔者认为，室内色彩由背景色、主体色、强调色这三种元素构成。

1.室内背景色

室内背景色指的是固定在建筑主体中的天花板、墙面、地面、门窗等占据建筑主体 60% ～ 70% 的空间比例的部分的大面积色彩，它能直接影响人的第一感觉。根据色彩面积原理，可使用彩度较低的稳重色处理这些部分，这样可以充分发挥色彩作为空间背景色对室内环境的烘托作用。无论是主体色还是强调色都以背景色为基础，因此选择合适的背景色对室内色彩设计而言至关重要。例如，人们普遍认为白色用作背景色最合适，这是因为白色属于中性色彩，与其他颜色的混合效果十分和谐。目前，室内装饰常以白色为基础色，再配合其他色相的变化，由此产生的高明度灰色系列色彩就可以用作室内空间环境的主体色，如淡黄、浅粉、浅灰、淡绿等。此外，主体色使用高纯度或低明度的色彩，再点缀清新的对比色，也可以发挥出画龙点睛的效果。对比这两种色彩搭配方式，前者可以营造出高雅的效果，后者则能烘托出活泼的氛围。在实际操作时，设计师应基于居室具体使用功能和具体环境需求，对色彩进行灵活运用以达到理想效果。

2.室内主体色

室内主体色是指室内空间中可以移动的如家具、陈设等部分的中面积色彩。主体色实际上是表现室内主要色彩效果的载体，适宜采用较为强烈的色彩。主体色是室内环境色彩的重要组成部分，也是构成其他各种色调的基本元素，在背景色和强调色的映衬下，室内色彩环境会产生一种既富有韵律又和谐统一的整体效果。如果只有一种背景色而没有主体色的搭配，室内空间整体上就会显得空洞和单调，通常陪衬色彩占室内空间面积的 20%～30%。

对于室内空间中的家具，也应考虑陪衬色对其的影响，不同规格、品种、形式和材料的家具，如橱柜、桌、椅、梳妆台、床、沙发等，都是室内陈设的主体，是表现室内风格及个性的重要元素，这些部分的造型应与室内设计的风格一致，其色彩也应与主体色保持一致，以达到室内色彩整体和谐的效果。除此之外，室内装饰中的布艺色彩也是配色的主角，尤其是窗帘、床罩、桌布、地毯等，它们的图样、材质、色彩多种多样，与人的关系也更加密切。

在室内设计方面，主体色作为空间形象的一种载体，应能发挥突出整体效果的功能。这要求在统一室内空间总体色彩的前提下，对部分区域的色彩进行强化处理，而非通过设计将这部分突出展现。这是为了使人将视觉重点集中到更小的范围内，同时从整体上调和整个室内空间环境的全部色彩。

3. 室内强调色

强调色指的是突出表现陈设在室内空间中的物品的小面积色彩。强调色易于变化，通常是具有很强跳跃性的色彩，这类色彩能将其强调功能充分发挥出来。在室内色彩环境设计中，强调色通常作为视觉中心，占据整个室内面积的 5%～10%，可以是挂画、工艺品、Logo 墙、靠垫、花草、等陈设品的色彩。强调色通常采用背景色和强调色的对比色或纯度较高的强烈色彩，使室内空间中的色彩统一且富有对比，产生跳跃又和谐的整体效果。可见室内色彩的视觉冲击效果有很大一部分是由强调色决定的。对室内色彩的处理通常首先考虑总体的控制和把握，也就是室内空间的色彩应统一、协调，但是过分统一又会使空间显得索然无味，过分的色彩对比又会导致室内空间杂乱无章，而正确运用室内陈设品丰富多彩的特性，就能使室内空间生机勃勃。[①] 但需要注意的是，为了突出强调色而选用过多色彩倾向的陈设品，会使室内空间显得凌乱无序，所以应该在背景色和主体色的基础上选择强调色。

在室内设计中，可将具有很强跳跃性的色彩作为强调色，以突出室内色彩环境的视觉中心。

---

① ［日］奥博斯科编辑部：《配色设计原理》，暴凤明译，中国青年出版社 2009 年版，第 35 页。

第二节　现代室内设计中色彩的配置

一、强弱对比的色彩配置

基于色彩的特性，可对色彩做出主观性的分类。色相对比指不同色相间因存在差别而形成的对比。在色相环中，可以通过观察色彩之间的距离了解色彩的对比状态。色彩的对比关系可以通过观察色环上色彩的位置确定，就这一点来说，位于色环对角位置的色彩之间的视觉对比效果往往更强，这类色彩叫作强对比色彩，而这类色彩关系叫作互补色关系，将这类色彩应用到室内空间设计中，能形成明显的强对比效果。另外，在色环上所处位置相邻的色彩，其色相具有近似性，色彩之间的对比所表现出的视觉效果较为柔和，这类色彩关系就是同类色关系，本研究称这类色彩为弱对比色彩。这类色彩搭配在室内设计中，能使空间的色彩变得更加和谐。

（一）对比色的色彩配置

实际上，对比色就是在色环上位置相对的颜色，如红与绿、橙与蓝、紫与黄，在室内设计中应用对比色有助于打造明丽鲜艳的空间环境。对于空间的构筑形态而言，对比色可用于空间结构与界面的处理上，将空间特殊构筑物的作用凸显出来；也可以用于处理空间中的结构构建，增加结构的趣味性，使其在空间中得以突出表现。在空间中搭配使用对比色，不仅能在一定程度上发挥色彩的导向功能，还能引起一些视觉压力。在空间界面的色彩配置上，直接应用对比色能有效加深人对空间的印象，改变空间的色彩环境，使空间得到更明显的划分。

在室内空间色彩配置中应用对比色时，各种色彩占据空间的面积与比例对空间色彩配置的最终效果有直接影响，当对比色在空间中的比例与面积达到某种平衡状态时，该空间就能达到视觉上的色彩平衡，同时空间气氛也会因为对比色的补色功能变得更加生动、有活力。另外，对比色还会对空间使用者的视觉感官产生刺激，因此这类色彩与其他色彩搭配用于一些公共空间中更合适。

研究表明，视神经受到长时间的刺激会使人产生心理压力，但短时间的视觉刺激能有效增强人的兴奋感、扩大人的活动范围。同理，对比色不适合用在私密度较高的私人空间环境设计上，不利于人在一个空间内的长时间滞留。反过来看，当对比色的比例与面积在某个空间中失衡时，虽然色彩的对比会减弱，但是占据面积较小的色彩在占据面积大的色彩中十分醒目，具有标志性。设计师可在室内设计中运用面积与比例不平衡的对比色实现特殊结构的功能提醒、个性表达、导向指示功能，这时，占据面积和比例大的色彩就是这一空间环境的主要使用色，占据面积和比例小的色彩则具有强调功能。这一色彩配置原理具有广泛的运用范围，涉及室内陈设、空间围合界面以及室内装饰元素等多个方面。

1.空间与空间的对比色

在单一空间形态中，设置空间围合界面的色彩可以实现色彩的对比。单一空间通常具有明确的边界，空间范围较为固定，合理运用对比色装饰空间，可以进一步强化空间的界限感。在进行室内设计时，地面的颜色、天花的颜色以及围合在四周的墙面颜色就是空间界面的色彩。基于色彩在室内空间中的基本搭配可以确定，其中面积占比较大的部分就是围合在空间四周的墙的色彩，因此，可使用一种颜色处理墙面，与墙面相接壤的天花与地面的颜色则可以使用墙面颜色的对比色进行搭配。

2.空间与陈设物的对比色

在室内空间环境中，陈设物是其主要组成部分之一。由于陈设物具有不同的用途与功能，以及一定的可变性，且具有与空间界面不同的固定性，因此其色彩构成可以表现出多视角、多维度的不同效果。陈设物的色彩应呼应和配合空间色彩，布置紧挨空间界面的陈设物时，合理应用对比色可有效增强视觉上的空间感，使空间色彩更加生动。一般情况下，陈设物的色彩从属于空间界面的色彩，即当确定了空间界面的色彩后，就可以借助对比色关系确定陈设物的色彩。

3.陈设物之间的对比色

在同一空间中，陈设物相较于其他部分具有更高的灵活性，其种类、摆放的形式等都可以根据人的需求与喜好随时改变。一般说来，陈设物只在特别的空间中需要按照严谨的搭配秩序来摆放，在大多数空间中可以有不同的材料种类、风格样式和类别形状等，能够反映出使用者的个性。因此，在形体、形式感等不统一的情况下，陈设物的摆放可依据色彩对比搭配原则达到视觉上的秩序美。

（二）非对比色的色彩配置

非对比色又叫类似色，有较弱的对比色关系。类似色之间需要协调搭配，即通过调整色相相同的颜色使其明度发生变化，实现类似色的协调。在室内设计中，调和类似色是比较容易掌握的一种配色方法，不仅很多设计师喜欢使用它，很多空间使用者也喜欢其效果。在色环上，类似色之间具有相邻的位置关系，因此在实际应用时，可选择位置相邻的几个色彩进行调和搭配，如以橙红色、橙色、橙黄、黄色为一组颜色，或以紫色、蓝紫色、蓝色为一组颜色，等等。这些颜色经调和搭配后会形成和谐的观感，颜色之间的过渡也非常自然。在类似色调和中，最终的搭配效果主要取决于色彩的纯度、明度变化和不同色彩之间的面积比。以下为针对色彩明度、纯度以及面积比所做的相关阐述。

（1）明度对比也叫黑白对比关系，即色彩的明度在从白到黑的颜色区间中发生的变化，色彩的明度对比能够反映物体与界面的前后关系和室内空间的层次感。

（2）纯度即色彩的饱和度，纯度对比就是色彩之间的相加相合导致色彩产生了浊色。纯度不仅可以靠纯色相加来改变，加入白色、黑色或灰色也能降低鲜艳色彩的饱和度。

（3）色彩的面积比指在室内空间中各构成要素面积的占比。当人在环视空间时，空间的场景构图会以定格的形式出现在人的眼与脑中，因此，人对空间场景色彩形成的感知会直接受到其眼中看到的色彩面积大小的影响。而空间中色彩面积比的变化，能直接影响色彩之间冷暖、明度以及纯度等的对比效果。

类似色的色彩调和，实质上就是一种弱化了对比关系的色彩调和。颜色之间的弱对比是一种弱化了的对比关系，虽产生的色彩视觉差异较小，但仍能在一定对比条件下区分开不同色彩之间的界限。在视觉感受上，弱对比更为柔和，因此容易被人接受。同时，弱对比关系的色彩也因纯度、明度及面积比的柔和变化，在配色效果上显得更加优雅。

二、数量比例变化的色彩配置

在进行室内设计时，设计师可以对使用在室内空间中的色彩数量进行控制，以达到理想的效果。色彩具有神奇的作用，能够从视觉与心理两个层面影响空间使用者的感受。人们往往可以宏观地描述某个空间的色彩，可以清晰地指出空间的色调、色彩倾向等，这是因为人们可以在运用了多种颜色的空间中快速、粗略地得到其色彩信息，尤其是色彩数量信息，而色彩数量的增减变化和它们之间的主次博弈，都可以引导人们判断色彩调性，同时为空间设计效果的呈现提供依据。

（一）单色系的色彩配置

同一室内空间中往往会运用多种色彩，即便室内的整体色彩搭配都使用了一个色调，也会存在同一单色因其色调变化而产生的色彩变化。在一个空间环境中，色调统一可使人产生秩序感，这种色彩搭配形式可以将色彩的魅力凸显出来。在色彩设计中，色调统一也叫主色调的调和。将空间的主导色设置为某一色彩，这一色彩就是空间环境的基调色。空间的主色调通常是由空间内灯光的色彩、物体的色彩、主界面的色彩综合构成的，主色调调和的室内色彩环境能使人产生赏心悦目的色彩感受，主色调调和要求重视室内色彩的对比与调和。色调统一和室内形式统一这两个不同标准下的色彩搭配之间存在很大的不同，以色调作为搭配基准确定空间的色调，有助于找到这个空间的色彩搭配规律，利用同一色调不同色彩之间的微差进行色彩搭配，可以构造出一个色调统一而又层次分明的空间。基于统一色调的色彩搭配不仅能实现对色彩秩序的有效管理，而且是对陈设物的一种和谐的陈设创意。以视觉感官统一为前提，增加包括陈设物在内的各类室内设计要素的趣味性，用色彩联系起看似毫无关联的陈设物，使物与物之间形成强烈的视觉撞击，这样的色彩搭配方式在一定程度上对室内陈设及其艺术的发展产生直接影响。

（二）双色系的色彩配置

很多时候，室内空间中有两种具有较大面积比的色彩，这两种色彩的面积比非常接近，因而都被视为空间的主导色彩，这两种色彩的搭配就是双色系的色彩搭配。类似色、对比色的色彩搭配也适用于双色系的配色。做好室内空间中的双色搭配，可以形成两种色调灵活切换的视觉效果，颇具戏剧性。

不同物体之间可通过不同的形状区别开来。赋予不同物体不同的颜色，能以视觉化的手段打破不同物体之间的界限。在室内设计中，常规的色彩通常只在独立的陈设物与界面上单独地表现出来，不同物体之间因此有十分明确的划分。有这样一个案例，泰国曼谷 Huai Khwang 区建立了 Yim Huai Khwang Hostel，这个旅馆是由该区的一座旧公寓改造而成的，充满朝气且非常时尚。

该旅馆使用了两种对比强烈的色块，将之以类似色彩的平面投影的方式，使两种色彩形成一种特别的"倒影"，同时在物体本身附着鲜艳的色彩，并改变色块在物体表面的分布方式，使物体形态完全隐匿在色块之中。

空间中任意两种色彩的使用数量都会对人最终获得的色彩体验产生影响。由于空间内大面积的着色容易对人产生影响，设计师通常会用到冷暖色搭配、中性色搭配，在陈设与空间环境的着色上，这种搭配以一比一的比例作为标准。

（三）多色系的色彩配置

在室内空间设计过程中，运用色彩的重新构成帮助人们充分认识色彩在实际操作中有一定难度。同一空间内搭配使用的多种色彩就像一首交响曲，每种色彩都有其自身的独特性，在这一共同空间中又能与其他色彩互相支撑、配合。以保加利亚索菲亚色彩公寓为例，该公寓是由设计师 Brain Desi 以 "Life in Expressionism" 为灵感，用色彩替代和表现了发生在人们生活中的各种琐事及其引发的复杂情绪。该公寓的色彩运用完全脱离了空间内部陈设物与界面的形状束缚，利用色彩重新在这一空间中建立起了一种丰富多变的视觉形态，使处于这一空间环境中的人能更贴切地体会到生活的多姿多彩和人类情绪的复杂多变。

三、无彩色系的色彩配置

（一）白色调的色彩配置

1. 全白色调的搭配

全白色调的空间能给人以纯粹的视觉体验，展现了后现代白色派的特点。这类空间家具陈设通常十分单一，空间界面非常简洁，白色是陈设物的主要色彩。这类空间单纯依靠构件的边界与空间界面来丰富空间层次，而空间内部的细节变化则依靠少量材质对比实现，这种色彩配置方式使空间具有较强的纯净感和距离感。

2. 白色与少量有彩色的搭配

空间色彩的这种搭配形式往往能产生朴实自然的视觉效果。通常情况下，白色搭配少量的彩色，效果会十分理想，其中少量的彩色可以是纯度较低、明度较高的色彩，这样的搭配会使空间呈现出舒适柔和的感官效果，给人亲近自然之感。相反，如果白色搭配纯度较高、明度较低的色彩，虽然能表现出层次分明的空间关系，但是会对人的视觉感官形成更强烈的刺激，可将这种搭配方式作为活跃空间色彩的一种方法。

3. 白色与多种有彩色的搭配

当空间中的彩色较多时，可以利用白色使这些色彩得以协调搭配。白色可作为一种最佳背景色，逐一联系起看似杂乱的各种色彩。此外，将彩色色彩的纯度降低，再与白色组合起来，就能打造出空灵清新的艺术效果。

（二）灰色调的色彩配置

1. 灰色与少量有彩色的搭配

与纯净感十足的白色不同，灰色调的朦胧具有一种高级感。在室内空间中大面积使用灰色，不仅可以使空间色调统一，而且可以使室内空间环境给人以特殊的色调感受。利用少量的彩色点缀空间或烘托环境氛围，可为灰色赋予一抹生机。鉴于色彩的对比关系，在灰色的衬托下，少量的彩色会更加突出。

2. 灰色与多种有彩色的搭配

对于多种有彩色而言，灰色具有更强的包容性，无论是有彩色的纯度是高还是低，都可以自由地与灰色搭配起来。

（三）黑色调的色彩配置

作为无彩色的两极，黑白两色虽具有相同的属性，但在室内色彩设计中最终呈现出的效果却截然不同。人们习惯于在明亮的环境中工作、生活和学习，在黑暗的环境中常常难以完成活动。无论从生理层面还是从心理层面分析，人类都不适合长期活动于黑暗的环境中。因此，黑色能否大量运用于室内空间仍具有很大争议，但只要对黑色进行合理的搭配，同样可以达到兼具个性与色彩平衡的效果。

鉴于空间色彩所呈现效果的不同，可以下面几种搭配方式为参考在室内空间中对黑色进行搭配。

1. 全黑色的色彩搭配

全黑色色彩与全白色色彩在搭配上具有相似的特点，但二者的视觉效果具有很大的反差。空间中只有黑色这一种色彩时，会显得十分压抑，人处于这种环境中很容易产生消极不安的情绪。这种色彩搭配主要依靠材质的变化和物体的形态差异形成层次感。

2. 黑色与少量有彩色的搭配

在黑暗的空间中，光可以打破黑暗。金色、银色是最具光感的两种色彩，适当地使用这两种色彩可以使压抑的黑色空间升温。置身于黑色空间中的人的注意力，会跟随光感色彩转移。

3. 黑色与多种有彩色的搭配

其他有彩色与黑色的搭配较为特殊，实用性较低，更偏向于短时的视觉化体验。

无彩色之间进行的色彩搭配，不仅是灰、黑、白三种色彩的比例搭配，也是色彩点、线、面之间的灵活切换。黑色、白色、灰色三种色彩既可以相互独立，又可以相互融合，在空间的色彩搭配中，这三种无彩色相互影响而存在。

第三节　色彩对室内环境的影响分析

一、色彩在室内环境中的直接心理效应

（一）色彩的温度感

在生活中，红橙色系的东西总会使人感觉到温暖，蓝色系的东西总会使人感到凉爽，因此，红色调与橙色调总是暖手宝包装的主色调，蓝色调总是冷饮制品的主色调。而这样搭配的原因就是色彩能使人产生或暖或冷的心理感受，也正因为如此，色彩理论中才会有暖色系与冷色系之分。在色相图中，暖色涵盖红、黄、红紫、橙到黄绿色的范畴，而冷色则涵盖从蓝紫色到蓝色再到蓝绿色的范畴；黑白灰与一系列中间色属于中性色，不具有强烈的冷暖感。

在室内设计中，设计师可以利用色彩给人的冷暖感来调节室内温度，需要注意的是，利用色彩仅能从人的心理上影响人的感官，并不能真的在物理学角度影响室内的温度。因此，在进行室内设计时，设计师必须对设计对象所处的地域环境、季节、气候等做出综合考量，再结合需要进行室内色彩配置。例如，在气候相对寒冷的地区进行室内设计时，设计师可多运用明度略低、纯度略高的暖色系色彩装饰空间环境；而在气温相对较高的炎热地区进行室内设计时，室内的色彩基调可设计为明度略高、纯度略低的冷色系色彩。如果室内环境的色彩基调考虑在很长时间内不更换，则可以使用中性色作为室内空间的背

景色；在气候与季节条件变化时，可以改变室内便于改变的强调色、主体色元素配合季节的变换。

（二）色彩的重量感

通常情况下，明度和纯度较高的色彩，如浅黄色的东西会让人有轻松的感觉；而明度和纯度较低的色彩，如褐色的东西会给人沉重的心理感受。

基础色彩可以对人产生一定的心理效应。在室内设计中，色彩的重量感常常被用来平衡构图。在室内空间中，深色的天花和墙面给人坚实厚重的感觉，显得更加沉重。如果一个起分割作用的墙体看起来太单薄，涂刷略深的颜色会显得更加沉稳一些。一般来说，设计者将沉重的色彩用在地面，使地面处于空间的最下方，具有下沉感，对天花板则采用较浅的颜色使其有上浮感。但是也有例外的情况，一些设计者脱离这个原则创造了很多成功的作品。

（三）色彩的尺度感

设计者在改变空间大小的时候需遵循一个原则，即小房间宜用明亮色系，大房间宜用沉稳色系，这是因为色彩能够使人产生尺度感。明度高的色彩会产生膨胀的心理效应，起到扩大空间的作用，如同样面积的浅蓝色和深褐色，深褐色看起来就比较小；明度低的色彩会产生收缩的心理效应，起到聚合的作用。

在室内环境中，家具和陈设的视觉大小与整个室内空间的色彩处理有着密切的关系，可以通过利用色彩使人产生的尺度感来改变家具和陈设的空间感和视觉大小，使室内空间各部分之间的关系更加和谐统一。例如，在一个较小的空间中，将墙壁刷成浅色，家具采用明度略低于墙壁色彩的颜色，可以让人感觉空间变大了。

（四）色彩的时间感

色彩的时间感在色彩研究领域存在争议，大多数色彩研究者都相信色彩尤其是色调的变化可以影响人类对时间的感知。他们认为在红色调的房间里会失去时间观念，会觉得时间过得很快，而在蓝色调的房间里，时间就会相应地过得很慢。站在色彩纯度的角度来说，和明亮色彩的房间相比，在色彩浑厚稳重的空间内时间过得会比较慢。这就解释了为什么娱乐场所或酒吧常常采用饱和度很高的红色。

（五）色彩的情绪感

这里提到的色彩的情绪感指的是色彩本身向人传递的一些表面情绪，而非人看到某种色彩后因联觉能力产生的心理情绪。不同纯度的色彩给人的感受不同，可能是明快的，也可能是忧郁的，艳丽且明度高的色彩总是能产生积极向上的心理效应，深沉且明度低的色彩总能产生忧郁的心理效应。从色彩搭配角度看，人们容易对高长调的色彩产生明快感，如果对比的色彩多则会使人有忧郁的感觉。因此，娱乐场所中到处可见高纯度对比色之间的搭配，这样的色彩搭配可以向前来娱乐休闲的人传递欢乐、积极的情绪；而一些需要保持安静的场所如图书馆等大多使用低短调的色彩配置，这样的色彩配置可以使阅读者保持镇定和清醒。

二、色彩在室内环境中的间接心理效应

（一）色彩的大众心理效应

人们看到一种色彩时，会因为相似的生活经验产生相同或相似的、与之相对应的联想。例如，在看到红色时，大部分人会联想到火苗、太阳、血液、花朵等；看到黄色时，大部分人会联想到柠檬、香蕉等；看到绿色时，人们会联想到草地、青菜、树叶等；看到黑色时，人们会联想到墨汁、夜晚、眼睛等；看到蓝色时，人们则会联想到海洋、天空等。社会上大部分人在看到某种色彩时，会第一时间产生特定的联想，这就是色彩的大众联想。基于这一规律，公共场合常以适合的颜色为人们提供引导服务。

通常情况下，设计师通过大众联想的共识点把握色彩在室内设计中应用的大方向，即大部分人可以接受的色彩联想。比如，餐饮空间大量运用橙色，原因是大部分人看到橙色就会食欲大增。设计者可以通过色彩的大众联想来确定整个室内空间的色彩基调，更准确地用色彩获得心理效应。

以服装零售店"卡玛"的店面色彩倾向为例，这个品牌主营的服装风格是奔放、怀旧，面对的是特定的客户群，所以店面的色彩带有明显的导向性，运用原木作为店铺的主要装饰材料，将整个店面的色彩基调定位古旧的黄色。通常情况下，人们看到原木斑驳的材质和古旧的黄褐色会联想到粗犷的非洲风格，在不知道此品牌的经营项目的时候仅仅通过色彩就可以确立品牌形象。这就是利用人们对色彩的大众联想来凸显品牌的特点，实现色彩在室内设计中的价值。

（二）色彩的个人心理效应

色彩的个体联想是指色彩在不同的环境和背景下对人有不同的心理暗示，在看到某一特定颜色且这种颜色恰好占据其视觉焦点时，人就会不由自主地回想起过去某一时刻的具体情境和自身感觉，从而产生心理上的共鸣。色彩的个体联想对色彩在私人住宅空间中的应用具有一定的指导作用。此外，室内空间的独特性在色彩的个人联想方面也有所体现，不同的人在心理上对色彩有不同的接受倾向，对色彩的审美各不相同，设计师通过与空间使用者进行深层次的沟通，可以运用色彩设计出更符合使用者需求且能展现使用者个性特点的室内空间，有效避免色彩氛围的"千人一面"。

第四节　色彩在现代室内设计中的应用

一、室内空间中色彩的提取

（一）抽象绘画与空间色彩

抽象是人们对客观世界的总结，体现事物本质，概括和归纳事物形象，具有符号化和简单化的特征。从某种程度上说，抽象更能体现艺术家的内心情感和审美体验。绘画艺术无论是"再现—模仿—写实"的古典主义，还是"抽象—感性—表现"的现代艺术，都运用色彩、造型、光影变化等进行描绘。

"抽象"是外来词，主要特征是象征性与符号化；抽象艺术则是对具象的高度提炼，最终在画面中简化为"色彩构成、符号表情、肌理等要素"。抽象绘画通常运用大面积的纯色，对于室内设计来说，这种大面积的纯色对展示空间的色彩设计有很大的启发。例如，丹佛艺术博物馆中展示厅的色彩设计，就是借鉴了抽象绘画中的纯色的象征性，设计师在展示厅中频繁地运用了色彩中的单色，使其中的子空间共同构成了多个具有个性元素变化的展示空间。色彩作为整个背景色充满空间，突出了展示厅内的展品，极具构成的空间关系仿佛是抽象绘画的一种立体呈现。"色彩挑起精神的震动，色彩隐藏着一种我们看上去不知道但真实的能量，它能影响我们身体的每个部分。"[①]单色作为抽象绘

[①] 任康丽：《抽象绘画与解构理念演绎的一种空间形式：以丹佛艺术博物馆建筑及内部展示设计为例》，《新建筑》2012年第6期，第80-84页。

画的灵魂元素，在建筑空间中的大胆尝试，也让空间更加具有艺术感染力，突出了空间的功能性。

德国包豪斯教师的住宅首先尝试了这类实践方式，每间屋子都有着相似的空间布局，因此在空间大小相同的条件下，设计师设计并应用了多种不同的色彩方案来凸显不同空间使用者不同的个性特点。其中最具代表性的就是康定斯基的家的色彩设计。在康定斯基的家中，餐厅空间采用了黑白相间的配色形式，意外地营造出了一种宁静的氛围；卧室空间以绿色为基调色，给人以舒适的空间体验；起居室则用粉红色进行装点；工作室的主色调为淡黄色，可以使人产生较强的安全感；客厅与画室这两个空间用了浅灰色来装饰。

其中的另一间住宅为克利的工作室，其有一面墙被全部刷成了黑色，上面挂着克利的作品和装饰物，以黑色的墙作为装饰背景墙显得既前卫又另类。这种色彩使用方式在当时看来十分大胆。除了教师的住所，包豪斯新校舍的室内空间也有着令人赞叹的色彩设计，色彩的应用主要体现在指示导向和空间划分两个方面。在室内空间中，设计师对除了界面围合之外的所有要素都用色彩进行了区分处理，门、楼梯、灯具等要素因色彩的区分更加清晰和突出。

（二）多媒体素材与空间色彩

设计师在设计过程中使用的多媒体素材大多为视觉与听觉方面的材料，这些材料涉及图像、音频、图形、动画、视频、文字等要素。在使用多媒体素材时，必须对素材来源的真实性、可靠性以及资料内容的科学性做出强调，这样有助于设计师对灵感来源做出更准确的搜寻，并将自己的设计意图充分、正确地表达出来。自然环境中存在的各种色彩会随着时间的推移而变化，美丽转瞬即逝，为了将片刻的美丽永久地保存下来，可将其刻画在照片中，这些照片也可以为设计师提供色彩灵感。人的大脑可以记忆色彩在片刻间的画面，却无法记录色彩的无穷变换，可以感受色彩，却不能将所有色彩精准地记忆下来。而通过多媒体工具采集色彩，可为室内色彩搭配提供真实的色彩模拟数据，帮助设计师为室内空间设计细腻、值得推敲的色彩搭配方案。

在斯德哥尔摩南部餐厅设计案例中，设计师对色彩变化进行了巧妙的处理，然后利用其捕捉到的柔和的光影，将原本荒芜的山谷打造成了一个充满诗意的地方，灵动与柔和在这个地方并存。在天空与山谷之间，美丽的色彩和奇妙的光线落在店铺中，与其中特别定制的绿松石色的柜台、薄荷绿色的餐椅、淡橘色的窗帘和珊瑚色的长桌等交相呼应，营造出了柔和平静的淡色系环境氛围。在斯德哥尔摩南部餐厅，人们在早晨的咖啡厅、午间的小餐馆和夜晚的小酒吧中自如地转换状态，由此获得不同的视觉感受。

二、室内空间中色彩的应用

（一）色彩与空间

1.色彩的空间性

色彩的空间性可通过强调空间的立体感体现出来。自然界中的色彩只有依托具体物质形态才能存在，物质以固态、气态或液态的形式客观存在于自然界中。色彩的构成是以人对色彩的心理效应和视知觉为依据，依据一定的规律和原理将多种色彩组合搭配而形成的相互关系。室内设计中的色彩，也可以看作室内各个要素的色彩形式的构成，这种构成符合物体的审美形式，也是一种具有理性创造的色彩结果。室内设计最初是空间的立体构成形态，其中掺杂着空间界面、陈设物的构成要素，依附于形式的色彩构成。以上述要素作为载体，物的形式统一上升为主动地位，色彩趋于从属地位，此刻色彩在室内空间中的出现完全受物体形的影响，力求突出形态在空间中的二维与三维关系，如同中国画中的勾勒画法，色彩完全成为形式的表达工具。因为形式的统一，色彩的从属关系也决定了空间中的色彩表现更加具有谨慎的态度，色彩的数量及面积比例都有较为严格的限制，尤其是在办公文化以及特殊形式的空间中，色彩的搭配趋于理智。

例如，扎哈·哈迪德设计的早月餐厅（Moonsoon Restaurant）有着夸张的空间造型，无论是奇异的天花，还是形式高度统一的家具陈设和明亮色彩的大胆运用，都在强调形式感的同时透露出餐厅空间热烈的氛围感。

色彩对空间的塑造亦可以虚拟界面打破真实界面，色彩的覆盖性不受物体形状的限制，能够自由地对空间界面进行色块的分割。物体与物体之间由于形状的不同可以很快地区别开来，而色彩能够以视觉化的处理将物体与物体之间的界限打破。常规室内空间中的色彩只是单独地表现在独立的界面及陈设物上，物与物之间的划分十分明确。例如，位于泰国曼谷 Huai Khwang 区的旧公寓建筑被改造成了一个时尚的、充满朝气的酒店——曼谷严汇旺酒店（YimHuai Khwang Hostel）。在该建筑中，对比强烈的两种色块如同倒影般，双色的处理类似色彩的平面投影，只是用色彩去附着物体本身，改变物体表面的色块分布，将物体形态完全消隐在色块之中。

空间界面向来具有清晰分明的棱角，使用色彩能有效地模糊空间界面的形状，实现对其艺术化的处理。当人们使用一种色彩进行绘画时，常常认为难以下手，但在艺术家看来，就算只使用一种色彩进行绘画，也可以展现出不同的效果，或表现出自由洒脱的色彩渐变与杂糅，或表现出点线面清晰有序的构成。一直以来，色彩在室内空间中的搭配都需要通过一种秩序化的、理性的点线面构成来处理。在"巴黎的迷蒙缥缈居"这一设计案例中，这种理性的色彩搭配方式就被打破了，在进行色彩设计时，设计师以原本单色的色彩构成方式为基础，做出了改变，这种色彩构成方式要求通过利用杂糅或渐变的艺术手法，对空间内物体之间的关系进行弱化处理，而非通过重点刻画物体的形状来模糊空间与空间内部陈设物的边界，打造梦幻缥缈的色彩体验。在本案例中，设计师不断尝试寻找一个和平的方式，将现实与幻想、工艺与艺术等要素融合起来。这样的空间中往往充斥着回忆和历史，设计师以尊重历史为前提，将一种新的设计理念——"掩盖"植入室内设计，空间中的墙面在雾气的升腾晕染下，呈现上方浓白模糊，下方的装饰与墙面清晰、仍保持原本色彩，上下方之间有极为自然的过渡的效果。

2.色彩的视错觉

色彩能带给人视错觉，视错觉往往随色彩一同呈现在空间中。由于人的视觉系统长时间广泛地接触事物的表象与客观本质，人对事物形成的视觉印象较为固定，因此，一旦事物的本质发生变化，人就会对事物产生误解。视错觉通常有两种类型：一是形态的视错觉，二是色彩的视错觉，其中，色彩的视错觉应用在空间中时具有实际层面与艺术层面的意义。在室内设计中，空间结构形态通常有很多问题需要解决，如扩大窄小的空间、提高低矮的空间等，这些问题加大了装饰的难度，还对人的心理感受产生了影响。因此，基于空间条件无法更改这一前提，对色彩的视错觉进行合理利用，不仅能解决空间结构形态的各种问题，还能使人获得更舒适的视觉体验和心理感受。同时，合理运用色彩也可以创造出趣味性较强的空间艺术形式，营造出富有变化且独特的空间艺术氛围。

（二）色彩与光线

关于色彩的形成，目前有两种推论，分别由哲学家亚里士多德与哲学家德谟克利特提出。亚里士多德认为光决定了色彩的形成，光像波一样传播，在传播过程中由于反射率降低而发生了明暗变化，因此他认为色彩是通过光的明暗变化产生的。德谟克利特认为物体会在光的照射下，发射出带有色彩的微颗粒，这种微颗粒可以通过直线运动传播。在上述两种推论的基础上，早期哥特教堂彩色玻璃的色彩变化可由此解释。哥特教堂中的大玻璃窗由金属窗框和彩色玻璃两个部分组成，在光线的照射下，能折射出斑斓美丽的色彩变化，而人对这些色彩的感受则是被观察的物体、被折射的光线、大脑与眼睛共同作用的复杂结果。色彩的形成需要满足一定的光环境条件，它具有两个层面的含义：一层含义为物体在光线的照射下表现出来的色彩，它可以是物体受自然光线照射而显示出来的其本身固有的颜色，也可以是在人工照明环境中呈现出来的环境色；另一层含义为光源本身具有的色彩。

在室内设计中，仅依靠色彩来塑造空间的个性还远远不够。由于人感知色彩需要以光线的照射为前提，在室内设计中，设计师应将色彩设计与光环境设计充分结合起来。自然光不仅具有能满足人们生活、学习、工作、娱乐需求的功能性特点，其自身的明暗条件还能随着时间的变化而变化，为室内环境带来丰富的色彩变化。室内照明由自然光照与人工照明两部分组成，其中人工照明依靠各类灯具实现，灯具的光源选择、安装方式等的变化都能影响室内空间中色彩的变化。

合理巧妙地运用空间的结构，主动地利用室外的阳光，能够使室内的光环境产生瞬息万变的光色效果。自然光能够让人对室内色彩产生愉悦的视觉感受，让室内环境更加亲近自然，同时让人在充满阳光的室内环境中拥有惬意的心情。

（三）色彩与材料

室内设计中的色彩必须通过各种材料实现，材料是色彩得以展示的媒介。关于材料的色彩有三个方面的表现：一是材料原有的天然色彩，天然的材料具有自身独特的色彩特征以及色彩美感，常见的有石材、木材、竹材等自然材料；二是成品材料所具有的色彩，这种材料的色彩附带着工业气息的色彩美感；三是在室内空间中，为了空间造型的表现而采用多种加工工艺对自然材料及成品材料进行的色彩处理。

室内设计中对于常规材料的运用已经十分娴熟，并且常规材料能够满足大众的基本装饰要求，但是由于常规材料具有自身的局限性，相对于自然材料来说其价格昂贵，不能普遍用于室内装饰中；再者常规材料的物理性能不能长久满足更新换代的城市发展需求。现在越来越多的现成品材料得到了广泛应用，更加符合不同人的装饰加工需求，由此，一些非常规的材料越来越受到人们的青睐，它们不但优化了室内空间的视觉效果，也让室内空间中的色彩更加特别。

前卫艺术家 Peter Zimmermann 在自己家乡的博物馆举行了个人作品大展，他这次将整个展览空间的地板也变成了自己的作品。人们走在层层透明鲜亮的环氧树脂上，就像踏上了缤纷的海浪，或者海市蜃楼般的仙境琉璃砖，展示效果相当惊艳。同时，整个地面效果和墙上挂着的画十分相称。

（四）色彩与陈设物

空间与陈设物之间的关系十分密切，二者的关系除了功能所形成的方位变化，色彩是唯一能够将两者联系起来的媒介。

1.不同陈设物的色彩与空间背景色之间的关系

陈设物的色彩搭配不同于室内形式统一时进行的色彩搭配。在统一色调下，色调是色彩搭配的基准，只有确定色调，才能梳理出整个空间的色彩搭配规律，从而利用同种色调中不同色彩之间的微差打造色调统一而又层次分明的空间体验。统一色调下进行的色彩搭配是对陈设物陈设形式的一种创新，而非只是管理色彩的秩序，它以视觉感官统一为前提，能提升陈设物的趣味性，减少空间环境内各个要素给人的生硬乏味感；同时借助色彩之间的关系，将看似毫无关联的陈设物联系起来，对视觉感官形成一定的刺激，使空间使用者获得新奇的视觉感受。从某种意义上看，这种色彩搭配方式诠释了一种能影响室内陈设与陈设艺术的发展的新的观念，能满足人在生活中的行为需求，以及人的精神与艺术层面的提升需求。

2.陈设物构成中的色彩搭配

陈设物的色彩可以独立于空间存在，也可以与空间共同构成一个整体，这里便涉及一个主从关系，当陈设物的色彩成为室内空间中的主要表现对象时，陈设物可以通过灵活的方位组合形式，使空间产生极具趣味的色彩效果，此时空间中的色彩主要由陈设物的色彩决定，空间只是作为一个承载。陈设物通常能够根据自身的展示排列，形成一定的视觉规律，可以看作空间中的点线面组合，极具构成感。除了形态方面的构成，陈设物的色彩也呈现出一定的构成感。

3. 陈设物之间的色彩搭配

　　陈设物除了自身的色彩构成和与空间色彩进行的宏观搭配之外，其色彩搭配如何做到更细致、更出色还需进一步推敲。在室内环境中，所有色彩之间的搭配都应以呈现和谐为目的。由于人类停留时间最长的一处场所就是室内空间，其环境中的每一项陈设物的形态、色彩、位置等都需要经得起品味。陈设物的色彩搭配应具有呼应、对比两种关系。呼应指处于相近空间位置，且具有紧密关系的陈设物之间在选择色彩时，应遵循相关性原则，借助色彩使物体之间形成一定的视觉联系；对比指基于陈设物的色彩搭配，使用具有鲜明对比的色彩搭配出具有动感的色彩组合，来活跃物品之间的氛围，打破环境的平静，减少视觉上的疲劳。此外，色彩关系中的微妙指的是一种色彩处理方式，它介于以上两种关系之间，是对色彩关系更加细腻的一种理解，色彩的纯度与明度可以有无限的变化，其中有很多种色彩搭配方式能够使人感到舒服、和谐，这样的色彩搭配方式应用在陈设物之间也能带给人愉悦舒适的视觉感受。

第五章　光环境与现代室内设计

第一节　光与室内空间的关系

一、光的概述

（一）光的本质与视觉效应

1. 光的本质

从物理学的本质来说，光是一种电磁辐射能，是能量的一种存在形式。[①]

这种由物体发射出的"能量"在传播过程中不需要依靠任何介质，这种传播和发射能量的过程其实就是所谓的辐射。光还具有两种特殊的性能，分别是微粒性和波动性，这两种性质之间联系紧密，是光相对静止还是绝对运动的重要证据。

2. 光的视觉效应

光从人的视觉器官进入大脑，大脑对其进行适当的处理，在处理过程中融入了人相应的感情因素和心理因素，得到视觉感光的最终结果。显然，人的视觉不但能感知光，还能完成处理相应信息的工作，视觉环境也不再只是光学的有效表面组合，人对于周围环境的接受过程也在某种主动因素的作用下开始从一味地被动接受向主观接受转变。设计师在室内设计实践活动中可以结合人类的内在情感和心理因素来完成光的应用，效果将出人意料。

---

① 张金红、李广：《光环境设计》，北京理工大学出版社 2009 年版，第 7 页。

光的视觉效应主要体现为以下三个方面：

一是光通过对人视觉的刺激，使人产生的明暗感知。光进入眼睛会照射到视网膜上，视网膜会对光做出反应，这种反应结果就是明度，它的本质是多光物体表面的光线反射系数。明度与人眼对光的适应状态有关，与光斑反差或客观物体也有很大关联。当视网膜感受到光的明暗变化时会，人会产生极强的视觉感受。人对明暗的感知与物体表面的反射强度有关，在照到物体表面的光线的强度相等时，物体表面越光滑，亮度越大，明暗变化越显著。这一点适合表现物体的立体感和空间感。同时，明暗的感知会对人对物体的色彩感知产生一定的影响。例如，同种色彩，依附于光滑质感的材质上时，人们就会感觉更明亮一些；而依附于质感粗糙的材质上时，明度就会有所降低。设计师可以利用光的这种视觉效应，使同种色彩的层次感更加丰富。

二是光照射到不同属性的物体上，对人视觉产生的刺激不同。光线照射到物体上后，因为物体反射和吸收光线的不同，在人眼中会呈现出不同的色彩。不同的色彩组合又会给人不同的感觉，如蓝色和黄色的组合具有活泼感。

三是人对光线本身色彩的感知。光从表面看是无色的，但在人眼中，光是有颜色的，只不过色被光隐藏起来了。人眼对光有敏锐的感知，最突出的表现就是人眼可以察觉光含有多种色彩。各种照明设备因为制作方式的区别和不同的需求，会产生不同色彩的光线，这种色彩被称为光色。在室内空间中，光色的变化不仅体现为光源本身色彩的变化，还与环境氛围等因素有关。

设计师在具体的室内设计过程中必须考虑光色对整个空间的影响，特别是对室内空间的整体氛围以及室内所有物体的色彩的影响。一般情况下，使用合理的光色不仅能使空间氛围更显舒适，还能提升空间物体的光彩度；而使用光色不合理时，不仅空间整体会让人烦躁，还可能会破坏空间色彩的统一性。此外，如果设计师对光色的使用出现偏差，那么无论室内空间实体的设计多么优秀，搭配的肌理、色彩、材质是多么恰当，都不会获得完美的色彩效果。

（二）光的色彩特性

1.光源的色彩

从本质上讲，光是电磁波的一种，是波长为 380 ～ 780 纳米的电磁波。可见光呈现的颜色与其波长有关，随着波长的增加，光依次呈现出赤、橙、黄、绿、青、蓝、紫等颜色。这些颜色之间差异比较明显，设计师在室内设计过程中可以根据空间整体或自己的喜好来选择使用哪种颜色的光。当然，设计师也可使用对比色，如紫对黄、绿对红、蓝对橙等，这样能获得更好的视觉效果。

2. 光源的显色性

光源的显色性指的是物体展现在光源照耀下的实际颜色的性质。当一个物体被多种颜色的光照射时，会产生完全不同的颜色，自然会让人产生不一样的视觉感受。光源显色性高意味着该物体能保留大部分固有颜色。长期在阳光下生存的人类看到的物体的固有色基本就是其本来的颜色，因此，人们把日光作为显色性最高值的标准。[①] 由此可确定非自然光源所具有的显色性。

假设将一块纯黑色的金属放在火上加热，随着温度的变化，金属会呈现不一样的色彩，这些颜色就是色温。在室内设计当中，人们常常会听到设计师说暖色调、冷色调以及其他带有颜色的特殊概念，它们其实就是指颜色因代表的温度不同会带给人极为特殊的心理感受。设计师在了解这些内容后，可以在设计时正确地使用颜色，如对比使用冷色调和暖色调来增强视觉效果，进而让人感觉到色调平衡。冷色调一般用在办公场所，可以让人头脑更清晰；暖色调一般用在 KTV 和酒吧等场所，可以烘托温暖甚至火热的氛围。

二、光与室内空间设计的关系

（一）光表现空间深度

1. 三维空间产生的生理基础

人眼的生理特性是形成三维空间的生理基础。人眼通过三条线索可以形成深度知觉：第一条线索是肌肉线索。这种线索主要是通过恰当地调节人眼球周围的肌肉来获得，人眼可以从这些线索中得到有限距离内物体的各种信息。但这种线索所包含的信息有限，因为人眼周围肌肉的可伸缩度是有限的，所以可获得信息的距离也有限。一般情况下，距离眼球 2 ～ 3 米的物体的信息基本都可以被人眼获得，超出这个距离的物体的信息就很难被获得。第二条线索是单眼线索。这种线索指的是人一只眼可以感受到的、获得的各种深度线索。这种线索所指代的信息基本上都是显示物体在空间环境中的相对位置和距离的，如物体的大小、高矮、阴影、插入物、运动视差、结构梯度以及线性透视等，这些信息能使空间显得更有深度。第三条线索是双眼线索。人有双眼，一左一

---

① 唐铮铮：《城市夜景观设计研究》，硕士学位论文，湖南大学建筑学院，2006。

右，其相对位置不同可以观察到的物体自然也会有差异，这种在双眼视网膜上呈现的物象的差异可称为双眼差异，这对人们设计空间深度有很大帮助，也是人类深度视觉的关键线索。

2. 三维空间形成的物质基础

空间的梯度特征是形成三维空间的物质基础。在格式塔心理学中，空间深度感的产生可通过三个梯度充分阐释：第一个梯度是正方形的大小梯度，第二个梯度是正方形之间的距离梯度，第三个梯度是正方形偏离水平或垂直线而产生的位置梯度。除此之外，梯度还包含亮度梯度、色彩梯度、纹理梯度。亮度梯度是光线能产生空间深度的关键。光线从亮变暗时，就会朝着四面八方发射，从而形成一个球形梯度，使空间产生深度感。光线透过窗户向室内空间不断延伸时，其亮度也在逐渐降低，这种亮度变化会形成相对柔和的线性梯度，人们通过这个线性梯度不仅可以知晓光线的独有特性，还能知晓光线进入的房间的空间特性。如果亮度梯度的变化是均匀的，整个空间就会给人以平稳的感觉；如果亮度梯度变化出现大幅度波动，整个空间就好像在某个区域发生了大幅度的深度变化。这种线性梯度还有方向性，从喜悦的、跳跃的光明逐渐走向细腻的、摇曳的黑暗，直到全部沉寂，成为黑暗的一部分。由此可知，光线产生空间深度离不开亮度梯度。在现实生活中，许多建筑在建造时都会使用大量的人工照明，结构也相对开放，这就很容易形成一些永远充满光亮的特殊空间，因为没有光暗变化，这些空间无法形成深度感，自然会给人以呆板的印象。

（二）光形成空间密度

光线的强弱和界面距离的远近决定了空间密度的大小。当提高光线的亮度或扩大界面之间的距离时，空间密度就会减小，当界面之间的距离为无穷远时，这种情况可称为虚空；当降低光线的亮度或缩小界面之间的距离时，空间密度就会增大，当界面之间的距离为无穷小时，这种情况可称为实体。因此，虚空和实体就是空间密度变化的量级，当空间密度变化到一定范围时就可以形成能被人类感知到的"建筑空间"。只要界面之间的距离发生变化，空间密度就会发生变化，这里的界面并不限于空间的侧界面。

光线强度和界面距离都对空间性质起着决定性作用，这与传统的空间定义有很大差异。传统的空间指的是由多个实体共同围成的一个空的空间。实际上，实体并不会受到光线强弱的影响，只是，光线强弱变化可以影响人的视觉感受，引起人心理的变化，如房间一片漆黑会让人感觉憋闷、狭隘。但是，光线的亮度并不能提高至无穷大，因为这样做会使人根本看不到任何事物，和被曝光的底片一样只有一片虚空。

空间密度不同，形成的可被人感知的空间也不相同，这些空间还会和物理学中的压强一样发生相互渗透和相互挤压。这种空间之间存在的特殊的相对流动不仅能实现空间的区分，还能让不同空间进行移动和相互交流。假设现有一个房间和一座庭院，两者都是由四面墙围合而成，且面积是相同的，庭院的亮度一定比房间高，其空间密度自然就小，从房间走进庭院或只欣赏明亮庭院的美丽景致，都会感受到一种特殊的在不同空间密度组成的空间之间存在的相对流动，这种流动更容易让人感到喜悦。

（三）光创造空间形象

空间如果没有光线，只会呈现出永久的黑暗。因此，光不但完美展现了空间的结构，还对空间的组织和创造起到了重要作用，甚至对空间进行了二次组织和创造。"光的不同射入方式，光产生的阴影，光的透射、折射和反射以及光的透明、半透明和不透明的状态结合在一起，对空间进行了定义和再定义。光使空间产生变化，形成一种不确定的状态。光使人的感觉和现实之间产生了一种暂时性的联系。"①设计师通过设计室内的光环境，创造出丰富多彩、生动饱满的室内空间形象。

（四）光制造空间序列

时间和空间是相似的，在对时间概念有一定了解后，人们在欣赏空间时就有了全新的切入点。换言之，建筑已经不再是传统的那种固定不变的事物，已经蜕变成与戏剧、音乐等时间艺术一样的特殊事物，有运动，有发展，有变化，自由地散发魅力。空间的开合、尺度的变化、形状的改变可以在建筑中形成空间序列。光对空间有一定的限制作用，如改变空间性质、氛围、明暗等，所以光也成了创造建筑空间序列的关键元素，有助于把建筑空间变为一首"流动"的曲子。

（五）光创造视觉焦点

视觉焦点是目光的中心。空间中的视觉焦点能将均衡空间的单一性打破，从而形成位差和等级，强烈地吸引人的视线。创造视觉焦点的原则在于制造差

---

① 张金红、李广：《光环境设计》，北京理工大学出版社2009年版，第14页。

异性，而光则是制造差异性（如拉开距离）的最好办法。

（六）光塑造空间性格

建筑对人的影响主要表现在两方面：一是铸造的精神，二是建造的场所。光作为一种特殊的语言充分地诠释了这种精神和场所。世界上不会再有任何一种事物能像光一样被赋予如此多的特殊内涵，如太阳光表示热烈，月光表示宁静，流星代表希望，篝火代表安宁与温暖，黑暗代表未知和恐惧……光不但能滋养人的心灵，而且能赋予建筑以灵魂。光通过各种方式穿透建筑外表，走进建筑内，虽然时刻在被建筑影响着改变着，但却用自身独有的方式为室内空间塑造出特殊的性格，使空间形成各式各样的氛围。

由此可知，建筑的光环境主要是在光和空间发生相互作用后形成的，因此，它可以分为两部分：一部分是光，另一部分是空间。其影响因素自然也要从光和空间两方面入手，即既要考虑光对光环境的影响，也要考虑与光密切相关的空间对光环境的影响，且要考虑这两个因素对生活在光环境中的人类的行为的影响。

第二节　光环境的表现手法

一、利用光色营造氛围

当人进入某个新的空间时，在短短的几秒钟内就会形成对该空间的主要印象，这种最初的印象主要来源于空间内所包含的色彩，其占比高达75%。换言之，色彩在人类进入空间后极短的时间内就发挥出自身的全部功效，而且其美感是人类感知美的形式中最普遍的、最直接的一种。空间中含有光才会反射色彩，即光照产生色彩，所以设计师在设计时想要获得正确的光色必须正确选择光源。

（一）光源与光色

可充当室内空间照明的光源种类有很多，且每种光源都具有特殊的光色。光源的光色有两种含义：第一，光源的色表，即光源在人眼中呈现的颜色；第二，光源的显色性，即光源在物体表面显现的颜色。

光源的光色决定了空间环境的氛围和功能，即光源的色表和显色性决定了空间环境氛围是否优良、环境功能能否提升。如今在照明应用领域，光源的色表一般用色温来表示，光源的显色性用显色指数 R 来表示。

在实际生活中，光色和亮度可以决定室内可形成的氛围，所以不同场所使用的灯光的光色和亮度都有显著区别。比如，橘黄色、浅黄色、粉红色等暖色调的灯光多用在咖啡馆、餐厅以及娱乐场所，因为此类场所需要让所有进入空间的人感觉到温暖、愉悦，以便吸引和留住更多的人。通常情况下，浴室、卧室等场所都会使用能散发暖光的白炽灯，其主要原因是白炽灯发射出的微红光可以让被照耀到的人的皮肤更显滋润、健康，如果使用发射蓝色光的照明光源，被照耀的人的皮肤会呈现出一种趋于病态的灰色，乍一看十分骇人。

人们通常使用的照明光源有白炽灯、荧光灯、汞灯和钠灯等。白炽灯发出的光呈橙色、黄色或微红色，不仅能让人感觉到温润、暖和，还能让整个环境的氛围变得更祥和；荧光灯发出的光偏向靛紫色，很容易让人感觉冷淡，所以荧光灯一般会安装在会议室，使空间产生爽快、冷峻的气氛；而在汞灯照射下，除青绿色物体外，其他物体将会全部失去色彩，所以汞灯只适用于庭院照明，夜晚汞灯可以把绿化呈现得欣欣向荣；在高压钠灯照射下，事物颜色会偏黄，电弧光偏靛紫，月光偏蓝灰。

在生活中，人们还会选择许多特殊的灯具充当照明光源。比如，聚光灯、霓虹灯等可以呈现多种颜色，这类灯具不仅能让室内空间的氛围更为生动、鲜活，还赋予其一种节日般的喜庆感；投射灯是一种光线相对集中、亮度稍高的灯具，可以使室内空间富有特殊的艺术气息，视觉效果更好。当然，如今有很多咖啡厅并不会使用整体照明，也不会在桌子上方安装对点的吊灯，而是采用一些亮度相对偏低但艺术气息更浓的烛光，这不仅能渲染一种柔和的氛围，还符合当前国家提倡的低碳生活的要求。

综上所述，光源的光色在一定程度上可以决定光环境的设计方案。所以，设计师在设计光环境时必须首先确定光源的类型，从建筑的环境特点、气候、性格以及功能等方面综合选择。

光源的色温分类及适用场合见表5-1。

表 5-1 光源的色温分类及适用场合表

光源类别	色温特征	色温/K	适用场合
白炽灯、卤钨灯、暖白色荧光灯、高压钠灯、低压钠灯	暖色	<3300	客房、卧室等
冷白色荧光灯、金属卤化物灯	中间色	3300～5300	办公室、图书馆等
日光色荧光灯、荧光高压汞灯、氙灯	冷色	≥5300	高照度水平或白天需补充自然光的房间

光源的显色性指数及适用场合见表 5-2。

表 5-2 光源的显色性指数及适用场合表

光源种类	显色性指数	适用场合
白炽灯、卤灯丝、冷白色荧光灯、氙灯、金属卤化物灯	$90 \leqslant Ra$	手术室、美术教室、绘图室、颜色匹配等辨色要求很高的场合
三基色稀土荧光灯、镝灯	$80 \leqslant Ra<90$	住宅、图书馆、办公室、学校等
暖白色荧光灯、日光色荧光灯	$60 \leqslant Ra<80$	公共场所的普通门厅、走廊、楼梯、平台、卫生间、电梯前厅、仓库
低压钠灯	$40 \leqslant Ra<60$	火电厂锅炉房、炼铁炉顶平台等
高压钠灯、荧光高压汞灯	$20 \leqslant Ra<40$	有（无）棚站台、变压器室等

光源色调的照明效果及适用场合见表 5-3。

表 5-3　光源色调的照明效果及适用场合表

光源色调	照明效果	适用场合
黄色光	热烈、活泼、愉快	餐厅、舞厅、宴会厅、食品商店、舞台、会议厅
白色光	明亮、开朗、大方	教室、办公室、展览厅、百货商店
绿、蓝色光	宁静、幽雅、安全	病房、休息室、客房、庭院、道路
红色光	庄严、危险、禁止	障碍灯、警灯、庄严性布景
粉红色光	镇静	精神病房

除了光源产生的光色以外，灯光的亮度也是决定环境氛围的重要因素之一。一般来说，灯光的亮度是与空间的活跃度、开敞性成正比的。光亮的房间给人的感觉要活跃一点、宽敞一点，阴暗的房间给人的感觉要沉闷一点、狭小一点。如果一个空间都是无形的漫射光，这个空间就会给人一种宁静、伸展的感觉。

（二）光色与环境

在室内光环境中，只有光源并不能完美解决所有形与色的问题，所以设计师在设计室内光环境时应该从整体上把握形与色，而不是将其分割开来，它们需要和室内空间环境、设计的实际需求、室内装修、室内陈设等多种元素完美融合到一起，综合性地呈现出室内空间完整的视觉效果。人民大会堂的吊顶灯饰就是一个装饰佳例，吊顶与墙壁间无明显分界，中央悬挂五角星、镏金制成的向日葵花瓣，象征着党和人民的团结关系，营造了向心的奋发气氛，在灯光的照射下达到了"浑然一体"的境界。

在对空间进行分割时，使用实体分割相对死板，使用光分割形式更为灵活。想要实现光分割，设计师就需要在设计时有意识地将灯具分散布置在多个区域，保证灯具射出的光线能像剪刀一样将室内空间划分成多个小型空间。虽然这些空间是相通的，但呈现的明暗效果、色彩各异，再加上灯光所形成的中空空间，整个空间会呈现更好的视觉效果。

二、利用灯饰装点环境

灯具本身的特殊艺术性是设计师在对室内光环境进行艺术处理时必须考虑的因素，因为有些灯具可以被设计成优美的造型，对室内空间起到良好的装饰作用，甚至直接作为优美的工艺品发挥锦上添花的作用。

（一）灯饰服从建筑风格

灯饰本身所具有艺术性不仅要发挥自身的专属功能，还要服从室内空间的整体风格。一般情况下，不同地区或民族的室内空间风格各不相同，这种不同可以通过使用的照明灯具的不同来表现。在中国，灯笼是一种有着特殊形状和意义的灯具，是一种集装饰性和实用性于一体的特殊灯具。无论是古代还是现代，人们都会将灯笼高高挂在建筑物的大门上，这凸显了中国室内空间对灯具的充分运用。日本也有民族特色显著的灯具，北欧各国如挪威、丹麦等也有一些流传下来的传统灯具，这些灯具都带有浓郁的地域特色，与中国灯具形态差异很大。

（二）灯饰融入周围环境

设计师在选择灯饰时不仅要考虑地域和民族特色，还要考虑场合，如博物馆作为存放各种文物的场所必须使用光线偏弱的灯具，从而避免光线对珍贵展品造成损害。咖啡厅常需要暗淡柔和的光线，以形成温暖舒适的气氛，满足人们谈心、休息、娱乐的心理需求，因此用暖色调的带遮光灯罩的白炽灯为宜。歌厅则需选用专用灯具，使灯光强弱、色彩的变化与舞曲的变换协调一致，以形成一种热情奔放、五彩缤纷、变幻莫测的效果。而宴会厅，则需选用装饰性强、高贵华丽的灯具，体现出热烈庄重的气氛，让人们获得一种艺术感受。

此外，如果在空间上方均匀地分布灯具，使空间下方每个位置的照度大致相同，整个空间就会显得更加宽敞、明亮。这种分布方法只适用于工作地点不固定、对光线方向无要求的场所。

总而言之，每种灯具都有自己的特性，都有对应的适用范围，设计师必须结合设计要求以及实际情况来选择，从而使室内空间呈现更好的视觉效果。

三、利用光型强化视觉

光型即灯光造型。一般情况下，设计师采用直射光线增强被照射物体的立体感，或突出趣味中心，或形成光雕艺术，使人们的视觉感受更完整、更真实、更丰富。

（一）增强立体感

改变灯光造型的主要方式有变换灯光的方向、位置、发光强度和光通量等。一般情况下，直射光照明都是有方向的，被照射的物体会表现出远近、浓淡、明暗、虚实等多种状态，形成三维立体造型。例如，展览馆利用灯光的变化及照射角度的改变，使人们看到不同形态的陈列品，丰富人们的想象，加深人们对展品的了解。

（二）突出趣味中心

通常情况下，设计师会在室内环境中设计一个视觉中心和趣味中心。使用恰当的灯光照明能让空间显得更加完善。设计师通常使用亮度较高的灯光照射空间的主体要素，凸显重点，而那些相对次要的要素则尽量不使用灯光，或使用亮度不高的、隐藏性的灯光，这样既能使空间显得主次有别，还能通过虚实变化使空间显得更完美，获得更好的照明效果和视觉效果。比如，宾馆的大堂中央一般都会悬挂一些大型的帘珠彩灯，它们既能照亮空间，还能吸引人们的目光，是空间的视觉中心。

（三）形成光雕艺术

光雕也叫作灯光雕塑，是21世纪新出现的一种照明技术，即用一些透明或半透明的塑料和玻璃雕刻成特殊形状的灯具，当光从内部射出或照射在外部时会形成一个特殊的发光雕塑体，这种艺术是一种有别于传统的、发展前景广阔的特殊灯光装饰艺术。

光雕既然是雕塑，就意味着可以雕刻成各式各样的形态，可以是植物，可以是动物，也可以是各式各样的图案，形成的画面和景色自然也是缤纷多彩的。比如北方的灯管，内装彩色的灯光，外覆晶莹的冰块，构成了一种特殊的透明"灯具"，这就是冰灯，其颜色、形态各异，可谓绚丽多彩。

将现代抽象艺术和光学技术融为一体，用光束组建成特殊的空间雕塑，这种技术被称为光雕。光雕作品可以放置在一些缺少高照度的大型空间内，不仅能对整个空间氛围起到调节作用，还能让人产生无限的遐想，如在奥运会开幕式上用激光组成符合主题的空间雕塑，可以为人们展现美丽的光雕世界，烘托现场气氛。

第三节　室内照明的光环境

一、天然光源与人工光源

（一）天然光源

光是能量的一种特殊形式，如果某个物体能够发光，这个物体就可称为光源。目前，光源主要分成两大类：一类是物体本身，这种光源称为天然光源；另一类是通过某种技术制作而成的物体，这种光源称为人工光源。最常见的天然光源就是太阳，通过使用恰当的方法合理地利用太阳光被称为天然采光。太阳发出的光包含辐射光谱中的可见光以及不可见的红外线（长波，产生热量）和紫外线（短波），其中，紫外线不仅是太阳辐射能量的一种重要表现形式，也是人类从太阳获得温暖的重要路径，它还深深地影响着人类本身的生活以及身体健康。

随着时代的发展，人们坚持可持续发展战略，对于太阳光的高效利用更是重中之重，特别是自然通风和天然采光。但是对设计师来说，设计的难点在于对日光入射量和入射方向的控制。从早晨到晚上，随时间的变化，日光也发生变化，所以在朝南、朝西的房间内，设计师会采用暗哑的冷色调与耀眼的阳光和暖意相配合。设计师还可以结合房屋的地理位置、所处地域的气候、具体方位来设计采光窗，以便更多的日光进入房间，且不会过于炫目。在电灯还未问世的时候，人们为了照明只能使用特殊的天然光源，如蜡烛、油灯、火焰、煤气灯等。如今，在一些住宅设计和餐饮类商业项目中，这些早期的天然光源已经被作为装饰元素了，这主要是由于它们不仅能够产生热量，而且能够发出柔和的光线，营造温馨的氛围。

（二）人工光源

白炽灯、气体放电灯（荧光灯等）是人们早期使用次数最多的人工光源，随着时代的发展和技术的进步，一种新型的光源问世了，这种光源就是发光二极管（LED）。

1. 白炽灯

白炽灯是托马斯·阿尔瓦·爱迪生于 1879 年发明的。白炽灯发出的光是通过电流加热玻璃泡壳内的金属灯丝至 2500 ~ 3000K 的高温而产生的，因此白炽灯也叫热辐射光源。白炽灯的分类没有统一的规定，这里按照白炽灯的结构将其分为普通白炽灯、反射型白炽灯、卤钨灯和氙灯等。

（1）普通白炽灯

普通白炽灯简称普泡，也称为 GLS 灯（General Lighting Service Lamps），它是最普遍的白炽灯产品。普通白炽灯的泡壳既有透明泡，又有磨砂泡或乳白泡形式，磨砂泡发出的光较柔和。普通白炽灯的功率范围主要集中在 25 ~ 200W。特别需要说明的是，灯泡的类型通常用字母来表示，字母后的数字是以 1/8in 的倍数表示的灯泡的直径，如 MR16 表示灯泡的直径为 2in。白炽灯的主要特性体现在如下几个方面：具有不同的大小、外形、颜色和类型；体积小，方便使用；发出暖白色的光，有些偏淡红或黄的色调；比较适合表现多种肌肤的色调，显色性最佳；有效地表现材料的质感和纹理；可调光；价格相对较低，但光效低导致使用成本较高；产生热量，增加空调系统的负担；便于产生精确的配光，可用于重点照明和作业照明，暴露时会产生眩光；可调和冷色调。

（2）反射型白炽灯

反射型白炽灯通过在内部安装特殊的光反射装置使发出的光按照预定方向传导，这样做有利于简化灯具设计。根据泡壳的加工方法，反射型白炽灯可分为压制泡壳反射型白炽灯和吹制泡壳反射型白炽灯两类。压制泡壳反射型白炽灯常称为白炽 PAR 灯，意为镀铝的抛物反射型灯。这类灯具主要用在室外，主要成分是硬质耐热玻璃，整体是一体压制而成，差别不大，只是灯具的棱镜玻璃略有区别，通过不同的图案起到泛光和聚光等效果。

吹制泡壳反射型白炽灯的泡壳是吹制而成的，泡壳后部为抛物面形状的反射镜面，靠灯丝的位置控制灯的光宽度，也有聚光、泛光等不同品种。由于功率、价格、尺寸以及重量都不高，这类灯具常用于室内，一般用作嵌入式暗灯或轻型的投放灯。

（3）卤钨灯

卤钨灯又可称为卤素灯。从研发角度来说，卤钨灯其实是白炽灯的升级版，其主要设计原理就是在白炽灯中注入卤族元素或卤化物，同时，为了保证卤钨循环的正常运行，在制造过程中需要大大缩小玻璃外壳的尺寸。卤钨灯若是采用封闭坚硬的小石英管代替灯丝，可加热至更高的温度，产生更强的光，具有更高的光输出。虽然卤钨灯也具有多种形式，但所有卤钨灯的主要特性是一致的：①光输出稳定，具有较高的工作温度（约3000K），产生更强的光。②光效寿命较长，是普通白炽灯寿命的2～4倍。③体积小、坚固。④价格较高。⑤不可以直接接触皮肤。⑥产生大量的热，所以不可与易燃物临近放置。⑦必须进行遮光处理，不可以用作直接照明光源。

（4）氙灯

氙灯也是白炽灯的一种。像卤钨灯一样，氙灯也会发出耀眼的白光。它在低电压、低瓦数时会有较高的光输出，主要用于工作台面的重点照明或勾勒曲线。世界贸易中心原址的"光之塔"采用的就是氙灯。

2. 气体放电灯

白炽灯发出的光是电流通过灯丝，将灯丝加热到高温而产生的，因此白炽灯属于热辐射光源。而气体放电灯恰恰与之相反，其属于冷光源，依靠阴阳两极之间存在的气体激发放电来发光，如荧光灯、HID（高强气体放电灯）和冷阴极管。

（1）荧光灯

荧光灯一般都是密封的，其阴阳两极之间充满了氩气和汞蒸汽，玻璃管壁上也被涂了一层薄薄的荧光粉，当汞蒸汽被电极激发会发射出紫外线，紫外线穿过玻璃管壁上的荧光粉，就会变成可见光。当今社会存在各式各样的荧光灯，其中，中国市场上最常见的是T8灯管，直径26mm，长度为300～1200mm。它的主要特性是：①发出的热量比白炽灯少；②使用寿命比白炽灯长得多，大约是白炽灯的15倍，而且耗能仅仅是白炽灯的三分之一，荧光灯的光源是由荧光粉和稀土元素等材料制成的，相比普通灯泡等传统光源，其材料成本相对较高。③紧凑型的荧光灯可以替换当前人们使用的大部分白炽灯；④由于体积比白炽灯更大，能照亮更大的范围；⑤发射的光线基本都是无阴影、无方向的；⑥当前主要用于工厂、办公室、医院、商店、学校以及其他大型公共区域；⑦不像白炽灯那样容易调光。

（2）HID

还有一类气体放电灯是HID（高强气体放电灯），主要指的是管壁负荷大于3W/cm² 的气体放电灯，这种分类标准主要流行于欧美地区。这种灯具的发光原理与荧光灯极为相似，但外形与白炽灯极为相似，只是整体偏大，它既有荧光灯的优势，又有白炽灯的长处，是一种十分优秀的灯具。当今社会，人们最常使用的 HID 有三种：第一种是发出的光的颜色偏向蓝色的高压汞灯，第二种是显色性极强的金属卤化物灯，第三种是光效最强、发出橘黄色光的高压钠灯。HID 具有如下特性：①寿命达 16000～24000h；②光效约是白炽灯的 10 倍；③满足节能的商业要求，符合相应法规；④有些显色性较差；⑤有噪声，因此在小型商业空间和住宅空间中应用有局限；⑥启动后约需 9min 达到 100% 的光输出。

HID 光强远超白炽灯，所以为了保证空间照明，避免眩光的出现，人们常常会使用遮挡物将其遮挡起来，或者将其放置在距离人员稍远的位置，以降低其眩光程度。

（3）冷阴极管

冷阴极管是一种低压气体放电灯，这类灯具工作温度低、光效高，但在使用时需搭配高压变压器，会放出大量的热，还会产生很大的噪声。因此，设计师在选择这种灯具时要经过详细、综合的考虑。这类灯具一般用于档次不高但曲线偏长的场所。

这类灯具有一个其他灯具不具备的优势，就是它能弯曲成任何形状，而且如果灯管中充入的气体不同，会发出不同颜色的光，更利于装饰。比如，灯管中加入氖气，会发出红色的光；冲入氩气会发出蓝绿色的光；如果在灯管外壁涂抹荧光粉，发出的光的颜色更是多种多样，可以是暖白、粉红、蓝色。在实际生活当中，这种灯具常用作霓虹灯。

（4）LED

LED，也叫发光二极管，是一种新型的照明光源，早期主要用于汽车仪表盘和录像机，如今已成为一种应用十分广泛的灯具。这种灯具的加热方式不是传统的加热丝，也不是气体激发放电，而是一种电场的相互作用。LED 的使用寿命高达 100000h，其本身体积很小，光强度也偏低，但如果将多个 LED 集合在一个灯具中，就能满足室内照明条件。

LED 不仅可以发出冷白色光、红色光、绿色光、蓝色光以及琥珀色光等单色光，还能搭配照明控制系统完成灯光变色操作。由于体积不大，LED 可以用在灯具边缘、柜台边缘、台阶一侧作为照明辅助。

二、室内照明的常用形式与灯具

（一）室内照明的常用形式

室内照明的常用形式有主要照明和次要照明。

主要照明是指影响范围较大的灯光，是室内照明的主要光源，如日光灯、吊灯、吸顶灯等照明强度较大的灯光。次要照明是指影响范围较小的灯光，是作为辅助形式存在的灯光，如暗藏灯光带、LED 灯、节能灯、壁灯、台灯等照明强度较小的灯光，它们的作用是调节气氛，缓和主要照明的层次。

主要照明和次要照明因为具有明确的光源也可称为直接灯光。直接灯光是反映真实世界的灯光照明，它使物体表面形成受光面并产生阴影，增强物体的重量感和立体感。

室内的次要照明也被称为辅助照明，它一般用来调节室内空间的气氛，制造色调关系的对比和逆光等特殊效果；同样会使物体表面形成受光面并产生阴影，只是光照的强度稍小于主要照明。

在任何情况下，辅助灯光的照明强度都不要超过主要照明，它的作用只是点缀局部照明的不足，避免使人暴露于强光之下。

（二）室内照明的灯具

对照明设备来说，光源和灯具外壳是密不可分的整体，通常我们把光源和灯具外壳总称为照明灯具。从严格意义上来讲，灯具是一种产生、控制和分配光的器件。一个完整的照明单元需要包含以下几部分：第一，灯泡，数量不等，一个或多个；第二，光学配件，主要作用是完成光的分配；第三，镇流器、灯座等固定、连接灯泡的电气部件；第四，支撑整个照明单元的机械部件。灯具的设计和应用主要强调两点：首先是灯具的控光部件；其次是灯具的照明方式，主要是向下投光的直接照明，以及向上投光的间接照明，也称反射照明。

1.建筑照明灯具

在进行室内照明的布置时应首先考虑将灯具的布置与建筑结合起来，这有利于建筑空间对照明线路的隐藏，使建筑照明成为整个室内环境的有机组成部分。这类安装在墙壁、顶面上的与室内空间结构紧密相关的灯具通常被称为建筑照明灯具。

（1）墙壁安装灯具

①挑篷式灯具：主要用于一般照明，常见于浴室和厨房中。

②灯槽：一般布置在墙面与顶面交接处，灯光投向顶面，可增强空间高度感，也会用于勾勒周边轮廓，从视觉上延伸空间，使空间显得更加宽敞，甚至塑造出剪影效果。

③壁灯：直接安装于墙壁表面的装饰性灯具，风格或古典或现代，可提供直接或间接照明。但考虑到其人可触及的高度所带来的不安全因素，灯具生产厂家提供的壁灯具应当符合相应的行业标准。

④窗帘灯：通常安装于窗帘盒内，光线投射到窗帘上，不仅能增强窗帘图案的立体感，从私密性考虑还能减少室内人员靠窗活动时身影投射到窗帘上的可能。

（2）顶面安装灯具

①吊灯：是最常使用的直接照明灯具，因其明亮、气派常装在客厅、接待室、餐厅、贵宾室等空间内。灯罩根据开口方向可分为两种：一种是让光直接照进室内，使整个空间变明亮的灯口向下的灯罩；另一种是让光照在顶面再反射到室内，使光线相对柔和的灯口向上的灯罩。

②筒灯（灯具行业中常用此称谓）：外观呈圆筒形，内置光源。根据设计的不同，筒灯可嵌入式或吸顶式安装。该类灯具包括下射灯、洗墙灯和牛眼灯。下射灯主要用于投射光线至目的物上或者将许多只排列起来提供一般照明。洗墙灯的投射角度可任意调节来"洗"亮墙面。

③荧光灯盘：可嵌入式、直接或悬吊安装。为降低成本，常见的荧光灯盘的标准尺寸为 600mm × 600mm 和 600mm × 1200mm。同时，该类灯具可配合不同形式的透光罩或格栅柔化光线，降低眩光程度，这在使用计算机显示屏和 VDT（视觉显示终端）的房间中尤其重要。考虑到顶面的整体性，它可以和空调风口结合。

④檐口灯：主要安装于顶面，向下照明。灯带和窗帘灯相似，二者的区别主要在于安装位置的不同。檐口灯直接安装于窗户上方时，在夜晚可以用作窗户采光照明，减少镜子的黑光效应或消除眩光。

⑤悬吊灯具：是在顶面下方吊装的灯具。其款式和光源的种类多种多样（有时还可定制）。考虑空间比例效果，在高约 2400mm 的房间中，通常的安装高度在餐桌上方大约 750mm 处，房间高度每增加 300mm，安装高度提高

75mm。

⑥吸顶灯：紧贴于顶面安装的封闭式灯具。该种类型的灯具多用于浴室、厨房以及一体化的家具中，直接向下提供充足的照明。

⑦轨道灯：通常直接夹装在顶面的轨道或线槽上，并且位置可任意调节，能产生精确的配光，创造不同的视觉效果，适应空间多功能的需求。

⑧光纤：能产生定制效果的装饰性灯具。光纤由一束细长的圆柱形纤维组成，它本身并不发光，但它传导光，光线通过光纤传输形成照明。光纤不仅体积更小，质量也比较轻，能更好地隐藏，充当商业展示柜或者楼梯扶手的照明。

2.家具一体化灯具

设计师可以在家具中增加电气照明系统，即将一些特殊形状的照明灯具安装在家具内部，这类灯具通过恰当地控制可以实现局部照明，不但能照亮桌面，还能照射顶棚，既节能又环保。有数据表明，如果在布置照明灯具时选择这种局部照明结合环境整体照明的方式，大约能比均匀布置节约超过30%的用电量，而且这种布置方式比均匀布置的照明质量更高。此外，这类照明灯具的电源可以从地板隐藏的暗插座中引出，便于后期更换和维修。比如，在厨房吊柜上安装照明灯具时，可将其安装在吊柜顶部，用于照亮吊柜下方空间；可安装在吊柜侧面，用于辅助顶部灯具的照明；也可安装在吊柜外顶，让灯光向天花板射出，营造良好的环境氛围。

3.便携式灯具

便携式灯具一般指的是可以移动的灯具，如台灯、落地灯等。它是最古老的室内电气照明的灯具形式，可在住宅或公共空间中采用，不仅有局部照明功能，往往还能塑造小空间的装饰性气氛。

（1）台灯

放于柜子、桌面和床头柜上的台灯，主要有以下三种：

①带罩式台灯。这类台灯的灯泡外部装有一个灯罩，避免产生眩光，且能起到聚拢光线的作用。这类台灯一般用在卧室、书房等相对比较私密的场所。

②球状灯。这类台灯也有一层灯罩，不过这个灯罩所用的材料一般是纸或毛玻璃，主要作用是降低灯泡的亮度，发出分散的光线。这类台灯外形比较漂亮，但光色单调，且很容易使人眩光。

③反光灯。这类台灯是将白炽灯泡安装在不透光的反光镜内，使得灯泡发

出的光能向同一个方向传导，且方向可调。由于光线集中，这类台灯一般用于工作和阅读场所，但其本身光线亮度对比太强烈，常常搭配其他光源使用。

（2）落地灯

落地灯指的是被放置在地面上的灯具。这类灯具和台灯的类型相同，但其内部有一种特殊的向上发射光线的灯具，形成间接的普照光，采用的是白炽灯、高强气体放电灯或卤钨灯。落地灯常用于办公空间和公共空间的环境照明。

第四节　现代室内设计中的光环境设计
——以住宅光环境设计为例

一、住宅光环境设计原则

（一）符合功能要求

由于住宅内各个空间有其不同的功能要求，光环境设计首先要符合各空间的功能要求，做到照度的合理应用、亮度的适宜分布、光色的准确选择。

1.照度的合理应用

照度的合理应用，主要是指每一个空间都要符合相应的照度标准。例如客厅，这里既要接待客人，又要家人聚会，并兼顾学习工作的需要，照度要稍高；而卧室主要用来休息，照度可适当降低。另外，对不同年龄的人应考虑不同的照度要求，对中年人来说照度可相对降低一些，对老年人、儿童来说照度要提高一些。为了满足空间的功能要求，光照设计可以采用表5-4相应的照度值。

表 5-4　居住建筑照明标准值（GB50034—2004）

房间或场所		参考平面及其高度	照度标准值 /K	显色指数 Ra
起居室	一般活动	0.75m 水平面	100	80
	书写、阅读		300	
卧室	一般活动		75	
	书写、阅读		150	
餐厅			150	
厨房	一般活动		100	
	操作台	台面	150	
卫生间		0.75m 水平面	100	

2. 亮度的适宜分布

要营造优美、舒适的灯光环境，住宅中各个空间以及每一空间的亮度一般都不宜均匀分布。亮度均匀分布会使人产生单调、乏味的感觉；亮度变化太大，又容易造成视觉疲劳。因此，除了对较小的房间（<15m²）可以采用均匀照度外，对较大的房间（≥15m²）就要考虑不均匀照度。如果房间只有一只吊灯，人们就会感到空间似乎变小了；而如果在边墙上装设 1～2 只壁灯，人们则会感到空间似乎增大了。卧室天花板的亮度一般应较低，以便人们仰卧时能感觉到宁静、舒坦、无刺激，从而容易入睡。

在进行住宅光环境设计时，要对亮度对比进行适当处理。在客厅，中间亮度可以大一点，周围要暗一点，这样可以产生中心感，使其中的人集中精力待客、议事。但客厅内读书及看电视的地方，中心亮度与周围亮度比不能太大，否则会出现眩光，引起眼睛疼痛，一般中心区与周边的亮度比不宜超过 3：1。

3. 光色的准确选择

（1）色彩的感受与联想

光源有不同的光色，即不同的色表及显色性。不同的色彩会使人们产生不一样的感受和联想，其中有正面的、积极的方面，也有负面的、消极的方面，而积极的方面是主要的。色彩的感受与联想见表5–5。

表5–5　色彩的感受与联想

色彩	感受	联想
红色	热情、兴奋	红旗、节庆
橙色	华美、成熟	鲜橙、黄袍
黄色	丰收、智慧	稻谷、香蕉
绿色	生命、希望	青山、绿水
蓝色	广大、冷静	蓝天、海洋
紫色	神秘、高贵	紫罗兰
灰色	朴素、平凡	混凝土
黑色	坚实、有力	黑色大理石
白色	简洁、单纯	雪花、白衣

生活在不同地域、不同民族的人们由于文化传统、所处的地理环境、宗教信仰以及个人的兴趣爱好、性格的不同，对色彩的感受和联想也是有区别的。对于某一种颜色，人们所产生的联想是不同的，甚至是完全相反的。但是，这并不能否定人们都会在主观上对颜色的轻重、冷暖产生自己的感受。除此之外，色彩在某一方面还会让人联想到负面的信息，如人们在看到红色时可能会联想到流血等。这些内容都是设计师在设计住宅光环境时需要考虑的。

总而言之，设计师在按照客户提出的设计要求设计住宅光环境时，应选择与客户自身习惯、兴趣、爱好、性格等相匹配的色彩的灯具、光源以及家具，保证室内整体风格一致、环境更为协调。只有光源的色表、显色性，灯具的颜色，室内的陈设，家具乃至绿化等都显得和谐、有层次感，才能使室内空间形成一个完美的艺术整体。

（2）光源的选用

目前住宅照明常用的光源有荧光灯和白炽灯。其中，白炽灯由于耗电量大、寿命较短正在逐步被淘汰。

目前市场上供应的紧凑型荧光灯品种较多，光的颜色有高色温、低色温，可以满足不同爱好者的需求。它的光视效能是白炽灯的4～5倍，加上荧光灯有明显的节能优点，其寿命比白炽灯长约 10 倍，因而住宅照明应该首先选用紧凑型荧光灯。

在现阶段，白炽灯仍然被应用在住宅中。白炽灯显色性较好，其照射下的物体没有色差。由于白炽灯色调较暖，光线中含有黄、红色成分，人被其照射时，肌肤色较美。食物被其照射时，色泽较好。同时，白炽灯光线明亮、价格低廉。其最大的缺点是耗电量较大，光视效能较低，使用寿命较短。

住宅内常用光源选择参考见表 5–6。

表 5–6　住宅内常用光源选择参考表

适用场所	照明要求	光源选择
卧室	暖色调、低照度，需要创造宁静、甜蜜、温馨的气氛	紧凑型荧光灯或白炽灯
	长时间阅读、书写时要求高照度	台灯可用紧凑型荧光灯
起居室（客厅）	明亮、高照度，连续亮灯时间长	紧凑型荧光灯、环形荧光灯、直管型荧光灯
梳妆台	暖色调、显色性好，善于表现人的肤色和面貌，照度要求较高	白炽灯为主
小厅	亮度高，连续亮灯时间长，要求节能	紧凑型荧光灯
餐厅	以暖色调为主，显色性好，增加食欲	环形荧光灯、白炽灯
厨房	亮度高，连续亮灯时间长	紧凑型荧光灯
书房	书写及阅读时要求高照度，以局部照明为主	紧凑型荧光灯
浴室、厕所	光线柔和，开关频繁	荧光灯、白炽灯
走道、楼梯间	照度要求较低，连续亮灯时间长	荧光灯、白炽灯

（3）灯具的挑选

住宅中的灯具往往是一件精美的艺术品，总会吸引人的眼球，因而灯具的色彩对营造室内整体光环境氛围有独到之处。挑选灯具色彩的原则有三个：一是与室内色彩的基调相配合。比如，暖色调的房间，一般应用暖色灯罩，但层次要拉开。二是彰显色彩的特征。比如，红色是喜庆的颜色，新婚用房可用红色灯罩，营造喜庆气氛；黄色利于安静和启发智慧，儿童用房可用淡黄色灯具；老人用房可用浅绿色、浅蓝色灯具，易于老人入睡。三是与住宅功能相吻合。住宅是家人、客人团聚、休息的地方，使用时间较长，色彩应以平和、宁静为主，不能过于华丽、花哨，以免刺激神经，平和的色彩利于创造一种温暖、和谐的生活气息。

（二）符合装饰要求

住宅光环境设计的另一个基本要求是装饰性。不论光源还是灯具，都是居家装饰工程的重要内容。特别是灯具形态各异、品种繁多，究竟如何选择，很有讲究，主要考虑以下两点。

1.整体风格

居室的装饰风格是由主人决定的。灯具在造型、色彩上应该对这种风格起到画龙点睛的作用。如果居室的装饰风格是中式古朴型，则灯具可以是仿古宫灯；如果是现代明快型，在造型上灯具线条要简约、大方，可有若干几何图案，采用某些高科技材料做支架；如果是欧式华丽型，灯具可以采用带金属托架和玻璃装饰罩的花饰吊灯，其不但亮度高，而且会使室内形成繁华气氛。此外，灯具的色彩必须与居室的主色调相符合。

2.居室大小

灯具大小应该与居室大小相匹配。一般来说，10～15m² 的较小房间可用吸顶灯或单火吊灯；20m² 以上的房间可采用多叉花饰吊灯；客卧兼用的房间以选单火吊灯为宜。壁灯的尺寸也必须与房间大小、墙面尺寸、主灯规格相协调。一般来说，10～15m² 的房间应选用 250mm×170mm、灯罩直径为 90mm 的壁灯。20m² 以上的房间才可考虑用双火壁灯。此外，台灯大小应由写字台面大小决定，不能过大或过小，以免显得很不相称。

（三）符合经济条件

节能、低碳是 21 世纪人类保护地球的重大举措。由于白炽灯耗电量大、寿命短，今后在住宅照明中应该避免使用白炽灯。荧光灯的光线接近日光灯，比较柔和、光视效率高、不散发热量，可用于多头灯具。一盏 11W 的荧光灯和 60W 的白炽灯的亮度几乎相同，一盏 36W 的荧光灯与 120W 的白炽灯的亮度几乎相同。也就是说，荧光灯比白炽灯节能高达 80%，而寿命更可比白炽灯长 10 倍。

因此，连续亮灯时间较长的室内空间最好使用紧凑型荧光灯。对于直管型的荧光灯应采用细管型荧光灯，配电子镇流器，两者结合可节约电能近 30%。

（四）符合安全要求

在住宅光环境设计中，照明灯具和线路布置都必须绝对安全，特别是在老人用房、儿童用房中，插座和开关应安装在不易触及的地方。厨房的灯具要注意防护，卫浴室的灯具要防潮。

二、住宅各功能空间的光照设计

（一）玄关的光照

玄关是厅堂的外门，为室内入口处，属于连接室外和室内的过渡区域，人们一般会在此处换鞋或穿外衣。这个区域的面积并不大，但使用频率特别高，因为它是进出室内的唯一路径。

因此，设计师在设计玄关时必须考虑居住者的整体形象，既要反映居住者的文化气质，又要给来客留下良好的印象。通常情况下，玄关无法受到自然光的照射，只能使用人工光源，最好选择灯光柔和、亮度较高的小射灯，安装时可以将其嵌入玄关家具，既节约空间，又显得美观。

（二）客厅的光照

客厅又称起居室。从传统意义上讲，客厅仅仅是接待客人的地方，而现代客厅的概念已大大扩展，客厅又是一家人开展居住活动的场所，如议事、聊天、看电视、听音乐等。因此，客厅是家居的中心，客厅的光照设计也必然是家居光照设计中的"重头戏"。客厅的主要功能以会客为主，因此其光照首先必须有利于吸引来客，有利于展示居住者的居家风格、文化修养、个性习惯。光照设计需要在居室格调统一的前提下，实现功能性与灵活性的结合。

1.功能性——注重风格，明亮、大气

客厅作为主要用来接待客人的公共区域，需要给客人留下美好的第一印象。因此，客厅的灯饰设计，包括其造型、材料、光色，首先要体现居室的整体风格，并使客厅显得明亮、大气。居室如果是欧式风格，客厅的主体色（四壁和天花）可能是暖色、深色，那么灯饰可以采用暖色调的白炽灯。有些欧式客厅的主体灯采用多叉花饰吊灯，挂在中心，沙发、茶几旁放明亮的落地灯，给人简洁、大方的感觉。如果是中式风格，客厅的主体色可能是冷色、浅色，那么灯饰可用中式的荧光灯（连续照明时间长的客厅）或白炽灯（适合连续照明时间短的客厅）。如果是时尚风格，自然优雅的灯饰会使整个客厅体现出宁静感和内敛感。

总之，客厅的主体照明灯一般宜选用暖色调的光源，造型上力求高雅，适当华美，这样才能使客人有温暖感。

2. 灵活性——注重实用，方便、安全

现代客厅一般兼具接客、学习、休憩、娱乐等多种职能，因此不但要考虑主灯，还要考虑搭配主灯的装饰性配灯，如射灯、筒灯、壁灯等。如果客厅的灯饰需要被多人使用，灯饰布置应强调灵活性，做到既方便、实用，又舒适、安全。安装主灯时可以根据屋顶的具体情况来选择灯具和高度，对于那些层高大于 3.5m 的客厅，首选大尺寸的吸顶灯和吊灯；对于那些层高 3m 的客厅，首选中档的豪华吊灯；对于那些层高只有 2.5m 或小于 2.5m 的客厅，首选小型的吸顶灯，或不安装主灯。在客厅沙发旁使用落地灯或台灯，既方便阅读书报、相互交谈，也可以避免改变整个空间的亮度。客厅墙壁上可以挂一些特殊的字画，或安装一些陈列柜等，旁边使用一些隐藏式灯具做照明，或者直接安装一些形式优美的壁灯，使室内空间蓬荜生辉。客厅电视机旁边可以放置一盏白炽灯，既能保护观看者的视力，又能削弱客厅中存在的明暗反差。

鉴于客厅兼具多种职能，其主体灯具还可以考虑采用时尚的多变灯、调光灯，这样客厅就可以根据不同的需求选择对应的灯光，如来客人时，选择黄色光，灯光柔和，给人以温暖的感觉，更利于主客友好交谈；主人独处时，选择蓝色光，灯光微醺，既能消除身心疲惫，又能缓解心理压力；家人一起看电视时，仅留浅白色或淡黄色光线，这样可以降低电视屏幕与背景墙之间的明暗对比程度，使眼睛在关掉电视机后不至于感到疲劳；客人较少时，可用调光开关，使光线略微变暗，以达到节能的效果。

（三）卧室的光照

卧室是人们睡眠、休息的地方，要求有较好的私密性，其灯饰处理总的原则是有利于营造安宁、恬静、温馨的生活环境，光线不能太刺激，一般应以柔和、淡雅为宜，以便于主人入睡。所以，吸顶灯就成为首选，既能满足照明需求，又能避免发出太亮的光线。这种灯具一般都会安装在天花板的正中间，以满足穿衣、睡觉以及完成其他活动对照明的需要。此外，还能在墙一侧或梳妆镜上安装壁灯，用于辅助照明；在床头旁放置一盏台灯，用于睡前阅读。除了常见的台灯之外，底座固定在床靠板上可调整灯头角度的现代金属灯或清丽的触摸式台灯，对追求时尚生活的主人应该是很好的选择。不论选用何种灯饰，一般都应以间接或漫射光照明为宜，以使整个室内空间熠熠生辉，充满情调。

卧室的灯光一般不宜太亮，但是对于不同功能的卧室，灯光布置还是应该有所区别。例如，老年人的卧室主灯不能太暗，否则容易造成安全事故。床头可以装一个白色的触摸式台灯，灯光可以逐渐变亮或逐渐变暗。因为早晨刚睡醒时，人眼的瞳孔还没有完全张开，灯光要逐渐变亮，否则一下子见到亮灯会很刺眼；夜晚灯光要逐渐变暗，以帮助老人安然入眠。儿童房的灯光应具有启发性，适宜的灯光会激发儿童的灵感。淡黄色容易使婴幼儿兴奋，浅蓝色容易使婴幼儿安静下来。同时，淡黄色和浅蓝色有利于促进儿童健康发展，所以国外许多家庭的居室灯光都以淡黄色或淡蓝色为主。

（四）书房的光照

书房是用来读书、工作的地方，而且通常使用时间较长，容易造成眼睛疲劳。书房灯光要有助于创造宁静的环境，形成舒缓的氛围，有利于放松眼睛、心态，缓解紧张情绪。因此，书房灯具首选台灯，放在书桌靠前位置的左侧，让光线从左侧发出，直射书桌。台灯的灯光要具有一定亮度但绝对不能刺眼，可选用调光艺术台灯或悬臂式台灯。考虑到书房用光时间长，这里一般宜用紧凑型荧光灯。

（五）餐厅的光照

家居中有的餐厅与起居室合二为一，这种情况下餐厅灯饰一般不单独设计，而是与起居室结合起来进行总体设计。但是现在在越来越多的家居中，餐厅已成为一个独立的空间，其灯饰应与其他空间有所区别。

餐厅灯光装饰的焦点当然是餐桌，因此要采用向下照射的灯具，并将其放在餐桌正上方，一般可用垂悬的吊灯或下拉式灯具。同时，吊灯不能安装得太高，与用餐者的视平线即可，一般以距餐桌 800～1000mm 为宜。如果是长方形的餐桌，则安装两盏吊灯或较长的椭圆形吊灯。在餐厅与起居室合并使用时，餐桌上的吊灯要有光的明暗调节器与可升降功能，以便兼做其他工作用。中餐讲究色、香、味、形，往往需要一些明亮的暖色调。橙色、黄色有调节心情、刺激食欲的效果，而且能够营造温馨的家庭氛围，餐厅可以采用这种色彩的暖白色吊灯或吸顶灯。橙黄色的光线除了可以增进食欲外，经反光罩还可将柔和的黄色映照在用餐人的身上，使其显得精神焕发，同时使室内形成一个温馨、舒适的生活环境。而在享用西餐时，如果光线稍暗、色调柔和，则可营造浪漫气氛。餐厅的天花板和四壁最好都要有充足的光线，可采用射灯或壁灯辅助照明，防止用餐者的面部产生阴影。

（六）厨房的光照

厨房是制作食品的地方，因而卫生安全特别重要。所以，选择厨房灯具时要坚持三个原则：防油、防水、易清洁。厨房灯具通常安装在操作台正上方，可做嵌入或半嵌入处理，首选散光型吸顶灯，外加一个透明塑料或玻璃制灯罩，起到防油、防水的作用。灶台上方会安装抽油烟机，此设备一般都自带灯光。如果厨房和餐厅是共通的，餐桌上方也要设置单罩单火升降式或单层多叉式吊灯。

厨房灯具的明亮度是十分重要的。有些错误观点认为，厨房不是读书、看报的地方，采用亮度低的灯泡即可，这样就会因为光线不足，眼睛难以辨认杂物而影响烹饪安全。"明厨出佳肴"这句成语是有一定道理的。厨房一般连续亮灯时间比较长，可以采用紧凑型荧光灯。

（七）卫浴间的光照

卫浴间的功能是供人洗浴、清洗、方便的地方，在家居环境中是一个对清洁度要求最高的场所，因此在设计中要突出一个"洁"字。一般卫浴间天花用白色装饰，而墙面、地面的装饰可以有两种做法：一是用浅色调，地面、墙面均以白色、浅灰色或白色、淡黄色等做表面装饰；二是用深色调，地面、墙面均以黑色、深灰色或黑色、粉红色或桃红色、棕黄色等做表面装饰。

不管卫浴间是浅色调还是深色调，光线都应该很柔和，同时由于卫浴间内往往有雾气，灯具要有防潮性能。可安装磨砂或乳白色玻璃壁灯或全封闭罩式防潮吸顶灯，雅致而素净，也可安装射灯或荧光灯。

卫浴间中通常须有梳妆照明，应得灯具安装在镜子上方，使灯光直接照射到人的面部，而不是直接照向镜面，以免产生眩光。镜前灯一般采用乳白玻璃罩的漫射型灯。卫浴间灯具的开关应安装在卫浴间外壁，并采用具有指示灯的开关，表示灯具是否正处于工作状态。此外，灯具的供电线路应比较牢靠，确保安全。

第六章　传统云纹与现代室内设计

第一节　传统云纹概述

一、传统云纹的起源及演变

中华民族在历史长河中凝聚了强大的民族精神，具有与众不同的民族智慧，这些智慧经由一系列民族元素与符号得以体现，也从侧面反映了人类对文化领域的不断探索，彰显着人类改造世界的强大信念。

中国传统文化元素可以使我们民族的文化得以集中体现。例如，我国的建筑设计从多个角度体现出人文思想在建筑设计中起到的举足轻重的作用，具体包括建筑选址、建筑功能、建筑形态表现以及建筑细部的装饰纹样。其中，儒家思想作为中国传统文化的重要元素，影响着我国几千年的发展与蜕变，也是其他思想流派得以发展的基石，最终各种不同文化的融合与交汇逐渐形成了独特的中国文化。现如今，我们所强调的传统文化是从厚重历史文化中沉淀并保留下来的文化遗产，大致可以分为非物质文化遗产与物质文化遗产两大类。

儒释道文化既是中国传统文化的解读对象，也是中国传统文化的精髓，是古人对哲学探索与美学追求的表达。我国国学名著《周易》就认为宇宙中的万事万物都是由阴阳相互作用而形成的。《易经》中写道："易有太极，是生两仪，两仪生四象，四象生八卦。"由于当时社会经济与科技发展不够发达，人们对一些自然现象无法进行科学的解释，从而产生对大自然的敬畏与崇拜之情，从客观上看，这也是人类情感寄托的一种表现。正是源于对大自然的这种特殊心理，图腾崇拜的文化现象得以出现，之后随着人类社会的发展与进步，原始图腾逐渐演变为一种含有某种吉祥寓意的图案，寄托着人们对美好生活的向往与期盼。研究发现，这些吉祥图案都是在人类长期共同的生产劳动与生活中形成的，一些古人渔猎的生活场景也在现存的各类文物中得以展现。随着生产工具与技术的不断进步，植物纹样、四神纹样相继出现。这些纹样的出现在一定程度上彰显着先人们对自然力量的敬畏，他们将自己对美好生活的期盼寄托于某一具体的事物上，这也是古人在精神层面的成长。

中国传统吉祥文化雏形的形成，主要源于先民们避邪求吉的心理，他们将各类礼教道德及天人合一等相对抽象的哲学思维，通过实物以具体图形的方式展现出来。借景抒情、以物言志都是古人常用的表达方式，他们将丰富的思想感情寄托在具象化的事物上，寄情于山水之间，一草一木都被赋予了生命，具有了象征意义，时至今日，人们将对子孙后代的殷切期望、对生活的崇敬和热爱、对国泰民安的祈愿都寄托在装饰、图画、语言以及文字等上，成为中国传统文化元素中的一环。

今天的吉祥文化便是中国传统文化元素中尤为重要的一环，虽然不同的民族与国家因其社会文化背景的不同而呈现出不同的文化内容，但是其反映的核心思想都是一样的，就是人类对美好生活的向往。以中国传统文化为例，为了表达马上封侯的美好寓意，人们通过猴子爬马背的雕塑将这一思想传达出来。此类事例在现实生活中数不胜数，如一个寿字四周围绕蝙蝠的图案寓意五蝠捧寿，葫芦寓意福禄，等等。总之，随着社会文明的发展，吉祥文化的内涵也得以不断扩充，并通过丰富多彩的形式与内容展现出来。

图形含有特殊意义，尤其是含有一定的吉祥寓意，这便是中国传统吉祥图案的一个显著特点，而在众多吉祥图案中，云纹是较为突出的代表之一。它通过形象寓意、谐音、象征等方式，将中国传统图案的独特艺术魅力展现出来，是对原有事物形态的高度总结，同时赋予其新的意义，也从侧面反映了人们看待世界的态度与方法。

对于人类来说，在视觉上，云给人以舒展开阔之感，体现出一种与世无争的人生境界。云纹作为吉祥图案有着持久的生命力，随着人类文明的不断发展，其内涵也在不断丰富与扩充，更能表达出人类丰富的情感，如亲近、喜爱、敬畏等。唐代诗人李白曾写道"众鸟高飞尽，孤云独去闲"，将其翻译成现代文，意思就是一群鸟向高处飞去，无影无踪，独留云彩悠闲自在地飘来飘去，这句话表达出李白悠然闲适的心境。还有王维的"行到水穷处，坐看云起时"，这句诗与上述李白诗句有着异曲同工之妙。此类事例数不胜数。由此可见，云作为自然界中的一种形态，是古代文人心目中高洁与洒脱的象征，同时体现出一种平静祥和的人生境界，云的形态变幻莫测也正是人生命运变幻无常的真实写照。

随着历史的更迭，云纹的文化内涵得以不断扩充，从而有了今天细腻而庞大的云纹艺术。

《周易·乾》中写道"云行雨施，品物流形"，可见在中国古代文明中早已出现了借云抒情的文化现象。纵观云纹的发展史，人们更愿意用云来体现现实生活中美好的一面。例如，用云鬟来形容女性的头发，用云游来形容旅行。无论是现实中的云还是经过艺术加工的云纹，无不表露出人类对云这一事物的喜爱。从艺术造型的角度分析，传统云纹就是一种高度秩序化与抽象化的传统纹样类型。

在商周时期，云雷纹成为一种极具代表性的吉祥纹样，作为一种装饰图形常见于青铜器的表面。云纹是一种由浅入深、由深至浅过渡自然的纹样，其由中心向四周逐渐扩散，具有一定的空间层次感。雷纹是以连续的方折回旋形线条构成的几何图案。青铜器的底部经常会使用雷纹，雷纹有时也会在某些器物的足部以及颈部单独作为纹样。云雷纹的出现反映了古人对大自然的敬畏与崇拜之情，也可认为装饰云纹始于我国商周时期。

卷云纹出现在我国春秋战国时期，是曲线化版的云雷纹。作为整个中国装饰艺术发展史中的基本纹样之一，卷云纹的几何形态突出了抽象化的形象特征。与商周时期云雷纹相比，卷云纹呈现出不同的特征，具体包括两个方面：第一，卷云纹更为简洁，表现为云线条的勾画方式与风格的转变，首先是风格由以往的繁杂转为简洁，其次是由回旋线条转变为内回转线条；第二，卷云纹突出表现了基于以往的回旋内涵，又进行了细节与层次的演化，从样式上看也发生了变化，由单独的勾卷形变为双面对称式，包括外延与内卷两种形式，随着发展逐渐被定型为云头纹。除此之外，发散样式、内敛样式、延长样式以及综合样式是卷云纹的主要结构样式。基于云雷纹基本元素，延长样式与综合样式采用了圆形与三角形相结合的构图方式，并在此基础上，通过直线延长的构图方式令云纹产生了全新的外貌特征，体现了纤细美与硬朗美的结合。到了春秋战国时代后期，漆器与青铜器等器物表面呈现出的云的形态更加自由奔放，打破了以往固定的结构与严谨的格局，更具流动性，为汉朝云气纹的形成奠定了基础。

汉朝时期形成的云气纹与之前的云纹相比，多了几分浪漫气息，其洒脱飘逸的云尾充分体现了这一特征。与之前云纹设计不同的是，云气纹的云尾并没有与云的主体相连，而是脱离于主体独立存在的全新的结构形态。这种形态使得原本静态的云纹更加具有重量感、速度感以及流动感。具体来说，这种形似鸟类长尾翼的线条形态不一，时而呈现出重叠三角状的尖突并列的形态，时而呈现出单弧线构成三角状的尖突形态。这些形态的设计与以往相比更具动感、随意性与力量感。在与诸如动物、植物、人物形态、神仙鬼怪等其他图案的结合构成方面，此类充满流动性的装饰纹样又出现了无法预测的多种可能性。

在唐朝与宋朝时期，云纹的象征意义更为丰富，既具有精神境界的表意，又具有一种独特的艺术韵味。在唐朝的鼎盛时期，云纹又发展出了一种全新的特征，那就是朵云纹。与之前的云纹相比，朵云纹基于自然界的云朵造型，那就加入人文情感中的感性与理性，找到了二者之间的平衡，从而达到了在写意中求实、在写实中求意的艺术境界，如云纹的标准样本基本定型为云尾与意云头的融合。朵云纹也几乎成了之后云纹的基本组合方式。不同的朵云纹通过不同的组合形式，如交叠等，可以呈现出形态更为繁复的叠云纹与团云纹的组合形态。朵云纹因其生动自由、飘逸蜿蜒的特性，具有更为鲜明的装饰性，因此该云纹在唐代已经摆脱了作为器物底纹的"命运"，而以一种独立的纹样存在，供世人观赏。与唐代云纹相比，宋代云纹在样式方面没有太大改变，仅仅在细节上做了微小的调整，使得其呈现出的形态样式更为复杂。例如，在勾卷云头附近绘制小云头，基于原有云纹增加更多的装饰线条，从表意层面看，使得宋代云纹看起来更具随意性与飘逸性，笔法率真、形态简练。

元朝与明朝时期的云纹开始向复杂性与精致性方向发展。由于元朝时期的云纹太过复杂而显得烦琐，明朝云纹基于此进行了结构重组，便形成了团云纹。从外观来看，通常情况下，团云纹是由四个单独的云纹组合而成的，呈现出由四周向中心聚拢的形态，乍一看像是由多个云纹拼接组合而成的汇总集合体。总的来说，明朝时期的云纹更具图案装饰的意味，主要表现在其组合构图方式更加具有俯视感，在细节方面更加注重装饰效果的增强，如双线条勾勒的运用等。

在清代装饰中最具有时代特性的便是叠云纹，这一点是团云纹、朵云纹、卷云纹所无法比拟的。与其他云纹有所不同，细腻、复杂与奢华是叠云纹的一大特色。大量细条叠加方式的应用使得叠云纹比团云纹更具立体感，具体表现为以一种云纹为主体逐渐向纵深处推进，宛若海浪一般层层叠加，而粗细不一的线条以及疏密变化的叠加使得这种云纹更具层次感与空间感，同时呈现出的立体美感不言而喻。可以说，叠云纹虽然由二维平面空间转为三维立体空间，但在视觉效果方面丝毫不影响其流动美的展现。与元明时期的团云纹相比，叠云纹更具仙姿飘逸之美感。

中国文化历经几千年的光阴流转，云纹始终是其中的重要组成部分。不同历史时期的社会文化背景与思想诉求均存在差异性，使得云纹呈现出与众不同的独特形态，这才有了我们今天能够运用的美不胜收、种类繁多的云纹图案。

二、传统云纹的文化寓意

中国古人在长期的生产劳动中逐渐发明出的一种带有文化寓意的图案便是中国传统吉祥图案，它表达了人们对美好生活的向往与期盼。这种图案本身具有文化属性，然后基于这种文化属性形成了地域性与民族性等特征，并且流传至今。因为吉祥图案本身是一种特殊的带有象征意义的符号，表意是首要，写实是次要，所以作为吉祥图案的云纹也更加注重具有生命张力的表达。云作为自然界中的一种形态早已存在，它瞬息万变，姿态万千。在古人眼中观云知天象，通过观察云的形态变化可以提前预测天气的变化，同时由于古代科技发展水平低下，人们无法理解的自然现象都被赋予了神的力量，因此古人认为云是高于自然的存在。七彩祥云的出现，使得人们对大自然萌发出了一种浪漫情怀，而"云台""云锦""云鬓"等词汇的出现正是人们这一情怀的完美展现。

（一）对吉祥和幸福的祈求

中国人的认知观念与审美意识可以在云纹中得到充分体现，云纹能够体现中华民族的精神与文化内涵，因此云纹这一传统文化元素自古代传承至今。正是由于中国人对云的特殊感情，云纹这一吉祥图案才能够历久弥新，这一感情早已超越了对自然景观的欣赏之情，更多的是一种对云的崇拜与信仰之情。

正是由于自然界中云的变幻莫测以及姿态的千变万化，才使其充满着神秘气息，令古人对其产生了崇拜之情，因此古代的诸多青铜器表面都有祥云纹样的装饰，主要目的是在祭祀仪式上用来祈求来年风调雨顺，由此也为祥云赋予了丰富的内涵。随着社会的进步与发展，云纹的造型也发生着变化，然而其吉祥幸福的象征意义却始终没有改变。在不同的历史时期，社会性质的不同使得云纹的使用情况也有所不同，具体表现为在奴隶社会时期，云纹被广泛应用于丧葬和祭祀活动中；而在封建社会时期，由于社会阶层的不同，云纹也带有了一定的政治属性，只有特定的阶层才有权利使用云纹这一吉祥图案。从刀斧錾刻到笔墨描绘，从青铜器上的底纹到漆器的装饰纹样，载体的更迭与生产工具的改变都让云纹因器物与时代的不同而绽放不同的光彩。

1978 年，河南省淅川县下寺春秋楚墓出土了一件稀有文物——云纹铜禁。之所以将其命名为云纹铜禁，主要是因为它的周身以透雕的多层云纹作为装饰，云纹铜禁整体使用的铸就工艺是失蜡法。通过这一文物我们能够发现一种现象，那就是云纹自出现之时便被赋予了吉祥美好的特殊寓意。之后，随着社会不断发展，云纹有了更加深刻的含义，这些含义主要通过与其他吉祥图案相互结合得以体现。例如，为了寄托对吉祥长寿的期望，人们常将寿星、寿桃与云纹结合在一起；清代鼻烟壶中出现了蝙蝠与云纹的搭配，寓意百福不断，取流云百福之吉兆，而这一图案出现在花瓶之上又被赋予了新的含义，即吉祥纳福；家具设计中也有祥云纹搭配莲和花慈姑叶的图案。

（二）对超自然现象的向往

《论衡·卷十六·乱龙》中提到"神灵之气，云雨之类"。这句话充分反映出先民对自然界万事万物的崇拜与敬畏之心，以及自然界万事万物在他们心目中的崇高地位，同时足以说明古人对自然天象的崇拜。自先秦以来，周易对诸子百家的影响极为深远，其认为"气"是大自然的本源，宇宙万物皆来自阴阳二气之间的相互作用。孔颖达注解的《周易》中写道："太极谓天地未分之前，元气混而为一，即是太初、太一也。"《吕氏春秋·大乐》中写道："太一出两仪，两仪出阴阳。"这些都能够充分说明先人对"元气"的重视。《说文解字》中如此说道："气，云气也""云者，地面之气，湿热之气升而为雨，其色白，干热之气，散而为风，其色黑"，可见古人对自然现象的认识尤为质朴，认为气就是云，云就是气。《黄帝内经·素问·天元纪大论》中有这样记载道，"地气上为云，天气下为雨"，由此可知在漫长的生产生活过程中，古人将气、云、雨视为彼此转换的事物。与游牧民族相比，农耕民族对天气与气候的重视程度更高，先民们要想过上幸福生活就必须祈求风调雨顺，这是解决温饱问题的先决条件，所以他们才会对云产生一种敬畏与崇拜之情，认为天象是百姓安居乐业、国家兴衰的度量衡。由于古代社会的生产力发展水平低下，科技水平相对落后，人们对自然界的认知能力极为有限，因此人们无法对超出自己认知范围的自然现象进行解释，如地震、洪水以及风雨雷电等。这些无法解释的自然现象因人们对其缺乏认知而具有了神秘的色彩，同时被赋予了神奇的力量，因此人们纷纷对其进行膜拜与祭祀。

（三）传统宗教思想的延伸

云纹之所以能够成为中国传统文化元素的重要组成部分，不仅是因为其优美的形态，更是因为其内在蕴含的审美精神与文化底蕴。云纹出现的载体随着时间的推移而不断变化，其最初的呈现方式为图腾，之后越来越多的绘画作品中都有它的身影，并且不分地域、国家与种族，包括一些宗教绘画中也有云纹的出现。在我国古代神话故事中，每当各类神兽、神仙出场时都会有云的存在，还有《西游记》中的孙悟空也是驾着筋斗云出场的，这与云的神秘色彩以及被赋予的神奇力量息息相关。在西方国家同样如此，1525 年由科雷乔创作的天顶壁画《圣母升天图》中就将云层作为分隔人间与天堂的介质。

东汉王充在《论衡·无形篇》中写道："图仙人之形，体生毛，臂变为翼，行于云，则年增矣，千岁不死。"这段话将古人想象中的仙人如鸟般穿行的图画效果清晰地描绘了出来。历朝帝王几乎都痴迷各种长生不老术，尤其是在秦汉两代，人们认为神仙炼制长生不老丹之地必定在云雾缭绕的三神山中，这种思想从某种层面上助推了云气纹的流行。《史记·孝武本纪》记载："乃作画云气车，及各以胜日架车辟恶鬼。"形态各异的云气纹被绘制在大量出土文物的表面，足以见得古人是多么渴望拥有长生不老术。大量云纹组成了马王堆汉墓彩绘漆棺的装饰，无论是黑地彩绘漆棺棺板两侧还是盖板上都绘有云气纹，其间还绘有各类神话人物与动物。神话人物与云纹的同时出现，使得云纹的象征意义表露无遗，也体现出神仙观念与中国云纹图案割舍不断的联系。

三、传统建筑中云纹图案的应用

在建筑中常见的吉祥图案是云纹，建筑空间尺度的差异使得云纹的呈现方式有所不同。通常来说，在相对狭小的空间内可以见到云纹的形态，包括藻井上美轮美奂的绘画、室内的装饰图画、门窗装饰等；在相对开阔的空间内也可以见到云纹的身影，如各色雕花栏柱以及墙檐屋角处。几千年前，对中国人而言，云纹不仅用于观赏，还寄托着人们对美好生活的祈愿，并承载着人文情怀与宗教信仰，让人们在艰辛的日子里憧憬未来的圆满。可以说，云纹是现实与理想完美融合的载体，因此一直以来深受大众的追捧，并得到了广泛应用。

　　故宫作为明清两代的皇家宫殿，其内部装饰有很多云纹，如伫立于天安门前后的两对汉白玉柱，人们称其为华表，其在造型精美之余还彰显着雄伟气势，在柱子顶端坐有一头神兽，名为朝天犼，柱身接近顶部的位置横插云板，通身雕有缠柱云龙。云板上的云头造型更是令人拍手称赞，雕刻工艺尽显磅礴大气与细致优美。从造型角度来看，华表上的云板云纹是由几个圆弧形云朵相连而成的，并且呈现向上的动态，并有一个共用云尾，由此可知云板所采用的是团云纹的形态，整体给人感觉洒脱飘逸，整个形态以曲线结束，呈现出活泼生动且韵律十足的整体效果。

　　国家一级文物隆福寺藻井的主要装饰图形便是云纹图案。中国传统建筑物内部的藻井是一种高级的天花造型，通常做成向上凸起的井状，凸起部分的形状不一，有八角形、圆形、方形等，其周围装饰有各类彩绘、雕刻、藻井纹等。藻井一般建于我国古代的寺庙佛坛以及宫殿的重要部位。隆福寺内供奉有三世佛，最初藻井位于隆福寺正觉殿顶部，因此当年寺庙中有三口藻井，如今在博物馆陈列的藻井是处于中间位置的。通过历史留存的照片资料，人们可以看到其与释迦牟尼佛造像融为一体，气势恢宏。在隆福寺藻井之中，彩绘云纹是承托斗拱的装饰，靛青色是装饰面的主要色调。隆福寺藻井上下共分六层，每一层圆形主框架上都有经过精雕细琢的云纹图案。从不同视角观察，藻井上的云纹可以呈现出不同的造型，从侧面看去是须弥山，从正面看去是佛教的坛城。佛教建筑主题经由云纹的绘制得以烘托，实现了功能性与美观度的完美统一。

　　云纹在建筑中的运用不胜枚举，在故宫中随处可见。比如，位于栏板之上的浮雕就是由若干团云纹重新排列组合而成的。具体来说，中间有一朵正面向上的云朵，左右再各加一朵作为辅助图形，并向中心旋转对齐，这种组合方式使得装饰效果得以凸显，运用在石材雕刻上更显厚重大气。由此可见，中国人历来喜爱云纹，这些云纹装饰展现出了匠人的诗意情怀。在传统建筑中，古人遵循与崇尚的天人合一哲学思想就是通过一个个气韵生动的云纹得以彰显的。

第二节　传统云纹在现代室内设计中的应用价值

一、云纹在现代室内设计中的审美需求

中国传统吉祥装饰图案的典型代表是云纹，它使中华民族的特征与风格通过艺术表现形式得以充分彰显。现代室内设计中，要想实现传统与现代的完美融合，云纹便是较好的表现手法与载体。在古典美学之中，气与云有着密不可分的联系，如今将传统云纹运用于现代室内设计中可以使其再度绽放光彩。

从自然界中的云总结归纳出来的传统云纹，以其动感飘逸的姿态在先民们心中刻下了动人的印记，被看作生命力的象征。而云纹在气论哲学中通过"生动"一词对美学进行了诠释。追根溯源，云纹表现出先民们对自然界运动变化的体会以及对生命的感悟，也表现出天地万物之间的辩证关系。

中华民族早期审美实践的产物均可通过云的环绕、层次抑或延伸、流动得以体现，将自然生命的律动融合进来，对中华民族的审美眼光与审美习惯产生影响。先民们对云的热爱与尊重均通过美学评论中诸如神形兼备、气韵生动等词句得以彰显。国人对生动的审美需求可从艺术创作提倡的"行云流水"中体现出来。云纹呈现的形态各异，时而与其他图形叠加重构，时而平面，时而立体。虽然云纹没有动物纹突出，也没有龙凤纹显赫富贵，但是其以自由洒脱的形态衬托出其他形象的生动性与生命力。也就是说，若是没有云纹的衬托，龙纹是无法将其上天入地、高贵非凡、富有神秘气息的特性展现出来的；那些神话故事中的神仙瑞兽若是没有云纹的衬托便会失去腾云驾雾的超凡能力；若是文人绘画中失去了云纹便无法将清逸高雅的人文情怀充分地展现出来。

云纹之所以能够成为中国传统文化元素，并在中国文化历史长河中历久弥新，受到广大国人的喜爱，主要原因有两个方面：其一，云纹的婉转迂回在形象上与国人的审美取向与审美情趣相一致；其二，中国古人将云纹从单一形象上升到了美学的哲学高度。在西方绘画中，云的作用主要是作为自然景象之一，为人物或建筑充当衬景。中国人赋予了祥云吉祥如意的美好寓意，表达出了一种超越外在形象描写的一种深厚情感，并且是专属于中华民族特有的情感。在漫长的历史长河中，云纹图案独特的韵味、丰富的形态已经远远超越对

大自然的简单模仿，它与国人的审美心理相结合，从而成为不同时代大众的审美思想。

从古至今，大众对美的需要与追求是一脉相承的。整个中华民族艺术体系中也包括云纹蕴含的美学思想，对其进行深入研究，对现代室内设计与创作具有极为重要的现实意义。

二、云纹在现代室内设计中的情感价值

室内设计，需要将人的因素充分考虑进去，将"以人为本"的理念充分展现出来。空间对人而言尤为重要，它是人类进行活动的重要场所，不同的空间区域发挥着不同的功能，这一点可以通过设计细节得以体现。通常来说，科学合理的室内设计能够令人感到放松与舒适，使得人与空间形成一个有机整体，人是空间的参与者，也是空间的重要组成部分。优秀的室内设计不需要通过语言进行说明，其本身足以说明一切，如家庭空间的室内设计，室内的每一个角落都是经过房间主人精心设计的，通常带给人温馨舒适之感，通过设计细节可以反映出居住者的身份、职业、生活习惯等信息。

云纹的造型设计灵感来源于自然界中的云，充满了大自然的气息，由于自古以来人们都习惯运用云纹作为各类装饰设计元素，云纹与人们的生活有着密不可分的联系，体现出人们对美好生活的向往以及对自然力量的崇拜与敬畏。不同的历史时期云纹所呈现的形态与特征也有所差异：浩瀚生动是汉唐时期云纹的特征，而文静内秀则成为宋元时期云纹的典型特点。历经千年的云纹形态生生不息，从自由无序到有章可循、从平面到立体、从简洁到复杂、从抽象到具象，云纹无时无刻不在向世人展示着中华民族深厚的文化底蕴。将现代室内设计元素与承载着国人审美意象与审美情趣的云纹相结合，一方面可以使我国优秀的传统文化得以传承，使中华民族的情感得以表达；另一方面可以借由设计师之手将我国优秀的传统文化传播到世界各地。

在整个中国艺术史中，自始至终都存在着以吉祥寓意与多变造型著称的传统云纹，其美好寓意一直滋养着中华民族的世世代代，令我国优秀的传统文化在现代室内设计中依旧绽放异彩。云纹具有的独特艺术魅力展现在两个方面：一是视觉层面的独特个性，二是精神层面的象征意义，即通过抽象的寓意将现实的情感表达出来。云纹借助超越时空的力量将现代人对美好生活的向往表达出来，给人们提供包括精神与物质在内的双重滋养。

三、云纹在现代室内设计中的文化价值

室内设计需要考虑的内容涉及方方面面，一是满足基本的空间使用功能；二是追求空间设计的美感需要，并在设计细节中显示文化意蕴。可以说，室内设计既是文化传播的媒介，又是个性彰显与情感表达的载体。中华民族的传统文化传承有序，云纹作为中国传统文化元素只有紧跟时代步伐才能在装饰艺术领域历久弥新。这早已不再是单纯的形象追求，而是一种文化的融合与延续，并与中国传统文化的内在规律与人们的审美需求有着紧密的联系。云纹创作灵感来自自然现象，在创作中融入了大量民族特征，随着历史的变迁与时代的发展，云纹的文化内涵得到进一步的丰富。可以说，其精神内涵已经远远超越了社会阶层，持续影响着我国广大民众。换言之，云纹可以作为中华民族人文密码的解读点，它将中华传统文化中"气"的文化底蕴与思想内核完美地传达了出来。

历史的车轮从未停歇，社会生产力在发展，人们的生活水平在不断提高，人们的审美情趣与审美需求、风俗民俗及其社会价值随着时代的变迁而发生着转变，生活美学哲学等也在随着社会的发展而被刻上时代的印记。不同的历史时期、不同的地域以及不同的民族使得设计具有明显的差异，其中最为重要的便是设计与文化的密切关联。在今天这个开放的多元化时代，民族性在设计中的重要性日益凸显，只有将本民族的文化推广出去，才能在激烈的市场竞争中占有一席之地，从而获得全世界的认可。回顾中国艺术史，真正具有中华民族传统设计风格的作品应该以何种面貌示人？美轮美奂的刺绣、细致入微的雕刻、灿若星辰的瓷器、榫卯结构的家具、雕梁画栋的建筑，这些数不胜数的艺术形式，之所以能够做到耀眼夺目，主要是因为其拥有厚重文化底蕴与哲学思想的支撑。中国传统设计风格从来都不局限于形式上的单一表达，而是追求一种由内而外传达出来的集合多种形态组合的思想与意境。

谢赫在《古画品录》中提出对人物绘画进行创作与品评的首要标准是"气韵生动"，在现代室内设计中这一标准同样适用。20世纪八九十年代，我国大批室内设计师将西方的设计理念与表现手法直接运用在国内的室内设计中，各种欧美设计元素的堆砌与模仿大行其道，要想打破这一局面，就必须强调中国传统文化元素在室内设计中的应用，使得传统元素与现代元素实现完美统一，并且最大限度地将中华民族的气质通过室内设计的每个细节彰显出来。

戴震在《孟子字义疏证》中曾写道："飞化流行，生生不息，是谓道。"这句话将云纹在国人心目中的地位诠释得很清晰，它是神力、权力的载体，是幸福、吉祥的诉说，是灵性的表达，是生机的象征。正因如此，云纹在现代设计中通过形象化的语言对传统文化价值进行了重构，也通过超凡的精神力量与艺术底蕴将中国传统文化特色最大限度地展现了出来。

第三节　传统云纹在现代室内设计中的表现手法

一、云纹在现代室内设计中的设计方法

（一）直接应用法

通常来说，设计者直接将中国的传统吉祥图案运用到现代室内设计中，不做过多的修饰与改变，因为这种图案本身具有强烈的形式美感以及丰富的内涵。在具体应用中，设计者为了迎合当代大众审美情趣与审美需求，借助现代化的艺术工艺与新型材料使得传统文化重现生机与活力，并且最大限度地保留了传统云纹的丰富精神内涵，使旧时典雅幽静的时光能够在现代空间内绽放光彩，同时让新环境保留旧时代的情怀；在一个固定的狭小空间内使得原本不同时空下的文化相互交融，令蕴含着对美好生活企盼内涵的云纹可以在现代空间中尽显魅力，并带来一定的视觉冲击力。需要注意的是，云纹的直接应用并不意味着可以采用拿来主义，它需要基于对云纹的精神内涵与哲学思想的深刻理解与体悟，进行适当的选择与处理，最终目的是更好地为室内设计服务。

（二）重新构成法

传统云纹的构图形式极具独特性。从大量云纹中找到其内在的关联性，从这些关联性中发现其本质特征，将符合现代大众审美的元素选取出来进行重新组合与建构，可以使得室内设计中的传统风韵得以体现。

在进行室内设计时，设计者可以局部选取部分传统元素与图形，打破固有模式，将其进行重新组合，使得传统思维得到解放，从一个全新的视角对图形进行解读，挖掘不同的表现手法，令旧有的图形焕发新的生机。一切图形都不是孤立存在的，支撑表象图形的骨骼是隐藏在背后的美学思想。例如，要想对云纹进行解构重组，就需要首先了解隐藏在云纹背后的美学思想。在主题思想

的指导下解构重组原有图形，本质上就是将其拆分后对每一部分的本质与内涵加以深刻理解，然后基于这种深刻理解将看似杂乱无章的部分按照一定的内在关系重新组合在一起。

（三）以意寓形法

云纹的艺术表现形式多种多样，民族特征较为明显，极具抽象化的美感与象征意义。随着时代的变迁与发展，云纹所展现的形态不断变化：原始社会时期是旋纹，商周时期是云雷纹，先秦时期是卷云纹，楚汉时期是云气纹，魏晋时期是流云纹，隋唐时期是如意纹与朵云纹。这些不同的云纹所呈现的姿态或舒卷缭绕，或翻腾卷曲，或飞扬流动，或气象万千。这种多变的形态便是云纹的一大鲜明特征。中华民族一直以来都对装饰极为重视，无论是衣物首饰、舟车工具还是雕梁画栋的建筑，可谓随处可见云纹的身影。纵观中国装饰艺术史，"云"这一自然现象被赋予了不同的文化内涵与精神价值，使得云纹的文化内核与美学力量得以充分彰显。

设计师可以通过简单的线条对云纹进行描绘，并将其从复杂的形态中剥离出来，采用特殊的处理方式与手段，使其具有现代化的时尚感，以便将其应用于现代室内设计中。运用点、线、面对形态进行抽象化的表达，摒除事物自身特有的具体形态的图形，可称为抽象图形。通常来说，这种抽象图形的适用面较广，仅以室内设计来说，如家具、织物、天花、墙面、地面等均可以抽象图形作为装饰，设计师可以通过大块面与简洁线条相结合的表现方式，使得室内整体的装饰韵味得以充分体现。比如，天花装饰中抽象云纹的应用：照明灯带的效果可以通过云纹形态得以展示，采用抽象化的方式对云纹进行设计，使得云纹原本的整体曲线美得以保留，同时使得它的动态美得以彰显。从加工工艺角度出发，这样的处理方式既使得云纹的鲜明特点得以充分体现，脱离了复杂的设计风格，又使得天花板的整体性得以显现。从实用性角度出发，抽象化形态保留了灯具的照度，充分合理地利用了资源，同时降低了施工难度。天花板四周的暗槽与简单的流线灯带相呼应，使得顶面装饰简洁统一的效果得以显现。

二、云纹在现代室内设计中的技术手段

（一）竹制材料的使用

竹作为一种高大乔木状禾草类植物，在我国分布较广，其环境适应能力较

强，种类众多，既有高大成林可作为建筑材料的资源，又有低伏于土层内的可食用的竹笋。宋代诗人苏轼在《于潜僧绿筠轩》中写道："宁可食无肉，不可居无竹。无肉令人瘦，无竹令人俗。"竹在我国传统文化中象征君子，是中华民族传统美德的物质载体，选用此类古老而新颖的材料来制作云纹，可以带给大众耳目一新的感觉。

运用竹制材料进行室内设计，可以直接利用竹子笔直的形态特性，其图案构成为竹材或高或低的错落排列，以及横向或纵向长短宽度相一致的序列化排列。除此之外，也可以改变竹子原有形状，将竹枝切成片，变成竹黄或竹篾，可以用它来编制各式各样的陈列品或者家具。由于具有良好的延展性，竹制材料能够与其他材料进行拼接形成云纹装饰，如亚克力、石材、木材、金属等。竹制材料所蕴含的传统意味，能够满足在现代化空间中增添绿色设计的心理需求，通过传统材料实现新工艺的尝试，进而使得中国民间工艺的韵味得以延续，也不失为既古典又时尚的做法。

（二）装饰玻璃的使用

玻璃作为一种装饰材料，既古老又新颖。古老主要表现在玻璃已有四千多年的历史；新颖主要体现在玻璃制造技术与工艺的先进性方面，运用新技术的产品主要包括防紫外线玻璃、防爆玻璃、高温玻璃、石英玻璃等。按照生产工艺划分，玻璃可以分为深加工玻璃与平板玻璃两种，通常来说，人们习惯将平板玻璃应用于建筑领域。由于玻璃具有装饰性与实用性相结合的特点，可塑性极强，其逐渐成为室内设计常用的材料之一。美观与功能性是装饰玻璃的两大特征。借助成型工艺与材料的使用差异，可以使得玻璃既具有观赏性又具有实用性。玻璃图案的优点在于可以根据客户需求进行个性化定制，因此设计师可以根据自身经验结合客户需求设计出形式多样的玻璃装饰物。

由于具有一定的可塑性，玻璃能够被生产制造出形态各异的云纹装饰，此类云纹装饰由于在同一空间内摆放的区域与位置不同，也会呈现出不同的艺术效果。从功能方面分析，云纹形态的装饰玻璃具有一定的隔绝噪声、阻断视线的效果。玻璃本身具有一定的反光性，因此会给室内空间带来一定的色彩与光线的变化，在室内空间设计与建筑设计中均可作为一种常用的装饰材料。

对空间的调节作用是装饰玻璃的一大特点，玻璃由于具有反光效果，可以完整地倒映出整个空间区域，从而营造出虚实对比的立体空间效果，再配以光线的投射、绿植的装饰，使得整个空间妙趣横生。玻璃装饰图案能够包括所有图形的云纹，从而展现室内设计的整体风格。

（三）镶嵌技术的运用

在众多领域均被广泛应用的加工工艺是镶嵌。从选材角度来看，镶嵌技术既可选择不同材质也可选择相同材质的物品。一般情况下，镶嵌技术指的是将珍贵且质地较为柔软的物体采用坚固的材料进行包裹，使其视觉效果上更具美感。其较为典型的代表便是螺钿家具。

镶嵌技术被广泛应用于界面装饰中。其一般的工艺流程为：预先制作好具有特殊云纹图案的石材或者木板，将其放置在预留好的位置，采用拼接镶嵌、镂花胶贴等加工工艺将云纹装饰固定在主材上。这种加工工艺的装饰面通常被应用于墙面与门窗之上。例如云纹工艺，按照预先设计好的图形将大小不一、色彩各异的瓷砖拼接在一起并进行固定，使其从整体上呈现出与云纹相关的主题与图案。

（四）雕刻技术的运用

在金属、树脂、木材、石材等可塑性较强的材料上，运用塑、刻、雕等三种制作方法进行创作，使得纹饰与图案得以呈现的技术，我们称之为雕刻。从加工工艺角度出发，雕刻可以分为机器激光雕刻、机器数控雕刻、人工雕刻等。其中，机器数控雕刻的可操控性较强，其雕刻的云纹图案需要经过电脑排版，并且云纹的形状与大小都可以结合现实情况进行调整。机器数控雕刻比人工雕刻效率高很多，无论是人工成本还是时间成本都节省不少，因其技术优势，机器数控雕刻在室内设计中被广泛应用。

第四节　传统云纹在现代室内空间及陈设设计中的应用

一、传统云纹在现代室内空间设计中的应用

（一）云纹在天花、隔断设计中的应用

1.云纹在天花设计中的应用

在室内设计中，传统祥云纹的应用应当注重与周边整体环境的协调性与统一性，设计不应过于烦冗，避免出现喧宾夺主的情况。在整体室内设计中，顶

面装饰尤为重要，其也可称作天花。天花的装饰效果直接影响室内整体风格的基调。在现代室内设计中，若想对天花进行修饰，可以通过改变天花装饰材料以及调节天花高度等来实现，但是不可过于修饰，要为室内整体装饰留出一定的空间，整体风格应当以简洁大方为主。

天花的装饰在中国传统建筑中历来都是令人无法忽略的重要部分，人们可以通过大量的古代建筑窥见一二，设计师会将大部分精力用以装饰天花，以此来表达内心对生活的赞美之情。如今，设计师在进行天花设计时，不仅需要考虑到天花修建的安全性、牢固性，还需要充分考虑居住者后期清洁维护的便捷性，天花的装饰纹样同样可以使用祥云纹，这些装饰均可体现居住者的个人品位、喜好以及审美。

将祥云纹作为主体装饰图案是常用的一种设计方式，通过祥云纹灯饰等使天花成为视觉焦点，这样的处理方式常见于简约欧式风。祥云纹的装饰方式不局限于上述方法，还可以通过线条勾勒的方式使得天花具有一定的层次感，这在现代风格与新中式装饰风格中比较常见。上述方式主要是将云纹作为天花装饰主角进行设计的，除此之外，还有一种方式便是让云纹以陪衬的方式出现，如仿照古代传统建筑对天花进行重装饰的方式，可以起到烘托气氛的作用。

2.云纹在隔断设计中的应用

在中国传统建筑室内可以起到分隔空间作用的装饰物，我们称之为隔断。这种装饰物不仅能够划分功能区域，还可以增添空间趣味性。与古代的隔断相比，现代隔断的作用更加丰富，如视觉装饰、保温防火、阻隔噪声、分隔空间等。

在现代室内设计中，提高居住者的舒适度是隔断设计的总方针，如为了提升居住者的空间安全感，可在较为开阔的空间设置隔断。通常来说，全隔断、半隔断、罩式隔断是室内常用的几种隔断方式。对私密性与安全性有着较高要求，并且可以在室内营造一个完全封闭的空间的隔断，可以称为全隔断。仅仅在空间中起到隔断作用，并且对通风与采光没有任何影响的隔断是半隔断。而由帷幔方式演变而来，能够起到视觉空间阻断作用，并且不会给实际空间带来较大影响的隔断便是罩式隔断。

通常来说，云纹适用于不同的装饰氛围，这主要是因为云纹大气多变的特点。因此云纹在古代建筑室内设计中比较常见。随着科学技术的不断发展，新技术手段与新材料的出现为云纹的呈现方式提供了更多可能。

（二）云纹在墙面、地面设计中的应用

1.云纹在墙面设计中的应用

在室内空间中，墙面所占面积是最大的，因此室内空间形态主要由墙面设计来决定。通常来说，装饰墙面的视觉效果主要取决于所选装饰形式与装饰材料。云纹作为一种装饰纹样经常会出现在中式风格的公共空间与家庭空间中。总之，祥云纹之所以能够成为墙面装饰，主要有以下几点原因：其一，云纹具有多变性，便于设计使用；其二，云纹具有流动性的美感，利于装饰设计；其三，云纹作为中国传统文化元素之一，具有美好的寓意。

在家居空间设计中，在墙面上进行云纹装饰不受空间功能的限制，因此厨房、卫生间、卧室以及客厅、餐厅均可以通过云纹进行装饰。例如，为了使室内装饰效果更加统一与协调，在沙发背景墙与电视背景墙上同时装饰云纹，在视觉上可以起到呼应的效果，具体处理时可以根据实际需要进行微小的调节，如云纹的曲线、走势、大小等，从而使得室内空间更加具有系列感。有时也可以选择一面墙为主墙，在其上进行云纹装饰，基于室内整体装饰风格，营造出温馨细腻的环境，使居住空间充满诗意。

观演空间、教育空间、文化空间、酒店空间、餐饮空间、办公空间以及商业空间等数十种空间均属于公共空间的组成部分。在进行公共空间设计时，一方面要考虑功能的划分，视觉的呈现效果，另一方面，室内设计由于属于艺术范畴应当源于生活而高于生活，通过装饰设计可以体现某种精神特质与文化内涵。这就对云纹装饰设计提出了更高的要求，如其与室内陈设的协调性，在色彩搭配上能带给人视觉上的舒适感以及心理慰藉，与整体墙面的和谐性以及大小比例的协调性，等等。

传统云纹在室内设计中的应用极为广泛，这与它与生俱来的文化内涵与形式美是密不可分的，其能够在装饰设计中起到画龙点睛的作用，在具体设计中能够借由局部雕刻、壁纸以及绘画等方式得以实现。如此一来，可以凸显室内空间的立体感与层次感，打破固有的平面感，同时满足人们的精神追求以及个性化表达的诉求。

2.云纹在地面设计中的应用

人们在活动时接触最为频繁的便是地面，地面对家具摆放起到一定的限制作用，也对人们的活动起到引导作用。地面与其他室内空间相比，与人们关系

最为密切，也是人们接触时间最长的。通常情况下，楼层地面装饰的可用材料包括地毯、塑胶地板、木地板、瓷砖、环氧树脂、水磨石、大理石、水泥砂浆等。因由质感、色彩、肌理等因素共同构成的，这些材料在视觉上能够给人以不同的心理感受。例如，通过各种纤维编制而成的地毯，不仅具有装饰、隔热的效果，还能够降低噪声。地毯作为工艺美术品之一在世界范围内拥有悠久的历史，因其材质的独特性，能够给人带来柔软温暖的肌体接触感受。与地毯相比，大理石地面质感更加硬朗，既能够被应用于各类平面与墙体上，还可以作为地面的铺筑材料。据统计，一种以水泥为主的、掺杂着花岗岩与大理石等石料碎片的水磨石材料，在我国公共建筑地面铺筑材料的应用范围已经超过60亿平方米，常见于机场码头、购物中心、学校、医院等公共场所。

在室内空间中，虽然与人的接触最多的部位是地面，但是地面在室内装饰设计中的地位与影响程度却不及墙面与天花。清洁、平整是对室内地面的主要要求，而小块装饰是家庭室内地面设计的主要特色。云纹在地面装饰设计中既能够抽象地表达，又可以写实地表现，不同的材料可以呈现出不同的云纹效果。例如，地面的主要铺筑材料选用深色木地板，同时在寝具下方放置一块云纹样式的地毯，使其兼具实用性与美观性，与位于床头柜上的云纹灯饰相互呼应，这种设计使得卧室充满情调。

二、传统云纹在现代室内陈设设计中的应用

（一）云纹家具设计中的应用

人们透过云纹可以感受到生命的力量，云纹中也承载着中国传统文化数千年来的传承，凝结着生活情趣的表达与心灵的体验。随着时代的变迁与社会的发展，云纹的样式与特征也发生着改变。在现代设计中，云纹使用最为直观的印象便是人文气息的体现。

在人们生产生活中尤为重要的物品便是家具，它的种类众多，使用的材料也随着科技的发展而日新月异，其外形与功能也有所不同。北魏贾思勰在《齐民要术》中留下了这样的字句，"凡为家具者，前件木皆所宜种"，这反映出我国传统家具一直是以木材为主要加工材料的。但是，随着科学技术的发展，各种新材料被广泛应用于家具制造领域，其中较为常见的新材料包括亚克力、玻璃、金属等。

现代家具的设计需要从不同角度进行多方面考虑，包括家具造型、色彩运

用以及选材等因素。云纹所体现出来的作用与功能，已不局限于满足人们精神层面的需求，更多的是在家具造型纹样方面的美化与点缀，其已成为一种实用性较强的设计元素。在现代家具造型设计中运用云纹装饰，是对艺术与文化的全新挑战。一般来说，云纹在现代家具中的应用形式多种多样，既可以取云纹的局部起到点缀作用，又可以将云纹的全部形象呈现在家具表面。云纹流畅简洁的外观既符合人体工程学的要求，又能传递传统文化意蕴。

以细致优秀的造型、精美的雕刻而著称的明式家具，被认为是我国古典家具的巅峰，充分体现出古代文人对艺术的狂热追求，在如今的家具设计中仍然依稀可见。以邱德光先生设计的《云》系列家具中的云椅为例，该家具设计因实现了传统文化元素与现代文化元素的完美融合，具有一定的新颖性与独特性，曾多次荣获各类艺术奖项，并在国际舞台上绽放光彩。从外形上来看，《云》系列家具与明式家具有着异曲同工之妙，其材料选用的是实木、布艺、金属。与传统家具相比，云椅既保留了人体工程学设计，又采用了黑色不锈钢烤漆锻造出的连续云纹形态，显得更加生动活泼。黑色绒布椅面柔软而富有弹性，将其固定在实木制成的椅脚上，可谓集家具的时尚性、舒适性、实用性与安全性于一身。云椅是不可多得的家具设计作品。之后，德光居又推出了第二代产品，仍然是以"云"为主题，但是与第一代相比形象方面有了进一步的提升，采用金属激光雕刻技术将云纹装饰于家具之上。

（二）云纹在灯饰设计中的应用

人类自古以来就对光有着无限向往，《圣经》中描述了上帝创造宇宙的过程，其第一天做的事就是为人类创造光，足以见得光对人类的重要性。光在室内环境中可以分为两种：其一是室内照明，其二是自然光线。为了保证居住者在室内的安全感与舒适感，人们对室内照明提出了一定的要求。如今，灯饰在解决室内照明问题中起到至关重要的作用，但是其作用与功能却早已超越了功能性需求，更多地体现为一种心理性需求。不同的灯饰设计可以营造出不同的室内氛围，从而实现不同空间形态的表达，在现代室内设计中发挥着重要作用。

在室内灯饰应用领域被广泛使用的元素便是云纹，在进行灯饰设计时，可以采用云纹作为设计灯饰的整体造型，也可以将云纹作为图案装饰于灯饰的表面，使其看起来更加具有温暖祥和的意味。材料方面既可以整体运用，也可以局部运用，呈现方式或立体或平面，具体材料包括亚克力、金属以及布艺等。

云纹在灯饰中的运用可以采用不同的方式，可以借助云纹自身纹理使室内空间产生一定的视觉冲击力，也可以将云纹中流动的曲线作为独立的装饰元素加以灵活运用，再配合室内灯饰的材质使其产生一种光影斑驳的美好感受，起到一定的氛围渲染与空间分隔的作用。此外，以云纹作为设计元素的灯饰本身具有一定的艺术性，这不仅体现在视觉效果的营造方面，也体现在实际的照明功能方面。

（三）云纹在纺织品设计中的应用

纺织品，如桌布、沙发套、床品以及窗帘等，在现代室内设计中也发挥着重要作用，承担着各种不同的功能。纺织品因其材料各异，工艺繁杂，在用途与外观方面也存在着较大的差异。

要想将云纹运用到纺织品中，需要将其进行抽象化处理，点、线、面等简练而概括的元素能使云纹呈现出现代化的特征，运用现代化的加工工艺可以使云纹在纺织品上得以重现。同时，应该保持云纹鲜明的民族特性与独特的文化特征，又使其不失一种现代时尚的活力与气息。通常来说，形象简练、识别度较高的抽象化云纹形象更便于与新时代元素相融合，以此对现代化的审美进行表达。工业大革命使得商品得以大批量生产，因此纹样装饰在视觉上呈现出更加简洁与程式化的美感。

"色彩是思想的结果，而不是观察的结果。"[1] 由此可见，色彩在纺织品设计中同样能够起到表达情感的作用，要想使得云纹能够更好地与周边环境和空间相融合，可以在色彩搭配方面进行深化。人类心理与色彩有着密不可分的联系，色彩在某种程度上可以传达不同的信息，如属于不同年代以及拥有不同文化背景的人群对色彩的认知存在差异，同时视网膜通过不同色彩的刺激可以给人类带来不同的心理暗示。例如，我国易经五行学说中通过金木水火土五类特性以及相生相克的规律对大自然中各个系统结构进行解释与说明的理论，分别运用不同色彩来代表不同的特性，具体来说，黑色、蓝色代表水，黄色代表土，红色、紫色代表火，青色、绿色代表木，白色、金色代表金。虽然五行学说在现代社会已经少有人提及，但是其中的色彩理论仍然被运用至今。例如，由于大红色非常符合国人对婚礼的理解，因此它常被应用于婚嫁系列床品上。云纹在床品的每一个细节中得以体现，彰显传统吉祥图案在纺织品设计中的重要地位与作用。海水纹与祥云纹共同构成了提花的底纹，完整地填充了纺织品

---

① 沈世豪、陆永建：《千年一遇》，海峡文艺出版社 2018 年版，第 387 页。

的全部空间，使得面料的手感得以改善、厚度得以增加，又使面料在任何角度都具有一定的层次感。传统配色是机器刺绣的常选颜色，如用金色丝线绣云纹的边框、用蓝色丝线填充，既能保留传统韵味，又能满足现代人的审美需求。

（四）云纹在其他室内陈设中的应用

通常来说，室内陈设可以分为装饰性陈设与实用性陈设。前者仅为突出室内空间的美感，如收藏品、纪念品、艺术品等。后者与前者相比，更加注重实用性功能，如纺织品、灯饰、家具等。

在装饰性陈设中，云纹图案的运用方法有以下几种：①直接应用。由于云纹自身所呈现出的美感以及多样化的组合方式，设计师可以直接运用其图案的局部或全部。②简化和抽象。即对原有的繁复云纹进行简化处理，将云纹的本质特征充分体现出来，运用线条的力量进行重绘，以贴合现代人的审美需求。③表现意境。在进行室内设计时，既要注重室内具象物体的展现，也要注重由抽象物营造出的氛围感，如缭绕的烟雾、斑驳的光影等，这些方式都可以创造出设计师想要的意境。尤其是云纹本身能够起到烘托氛围的作用，因此只需结合现代的制造材料，也可以营造出某种虚幻缥缈的意境美。

例如，设计师在设计树脂材质云纹柱时，采用上述方法，将树脂与石粉按照一定比例融合后将其铸造而成，在空间设计中，其既可以充当装饰物，又可以用作置物平台。由于自身所具有的吉祥寓意与传统风韵，云纹经常出现在一些具有浓郁文化气息的场所中，如茶楼会所等，具有较强的装饰性。除此之外，在一些以云纹为主题的装饰物中也可通过抽象化的表达将云纹的流动美体现出来，使具有实用性的物品与古朴典雅的图形相结合，融合东西方不同文化，在传统与现代中找到平衡，实现一种统一与协调，运用符号化的语言将独特的美感传达出来。

第七章 装饰材料与现代室内设计

第一节 装饰材料概述

一、装饰材料的概念与分类

（一）装饰材料的概念

在人们的日常生产和生活中，材料作为物质基础，具有不可替代的重要作用，它也是人类社会进步的体现。在 20 世纪中后期，人们开始将信息、能源以及材料作为三个支柱[①]。如果材料过于陈旧，不推陈出新，势必会阻碍新技术的产生。材料根据其功能可以被分为多个种类，其中用于建筑装修的材料叫作装饰材料，这样的材料会在室内空间以及建筑上发挥自身的装饰功能，设计师会根据材料在质感、线条、色彩等方面的特点进行合理设计，从而最大限度地使其自身的美化和装饰功能发挥出来。另外，装饰材料还具备延长建筑物使用年限的功能。建筑材料可以使建筑的空间效果得到强化，有助于设计的创新性突破。室内空间是多种装饰材料和空间、结构组合在一起而构成的艺术形象，同时，装饰材料不同的组合方式能体现空间的心理特性[②]。

材料最开始被运用到室内设计中的原因是其自身的实用性功能，人们通过

[①] 卢俊雯：《装饰材料的艺术特征在室内设计中的创新应用研究》，《山东工业技术》2015 年第 19 期，第 188-189 页。

[②] 肖雄伟：《装饰材料在建筑设计中的可持续运用研究》，硕士学位论文，湖南师范大学美术学院，2015。

使用不同的材料进行散热、保暖、遮风等。比如，一般建筑物的外墙会使用水泥或者涂料，目的就是使房屋更加坚固且避免墙皮被腐蚀。另外，木质材料也是经常用到的建筑材料，如我们常见的木质地板，相比于水泥或者瓷砖的地板来说，木质地板的保温性更好；而桌椅经常会使用竹子或者藤质的材料，原因在于这样的材料散热性好，非常适合夏天使用。由此可见，对室内装饰材料最开始的选择都是出于其自身的实用性功能。后来随着社会经济的发展，慢慢出现了很多新的合成材料，并且种类多种多样。这些合成材料不管是在质感还是在性能上都有着各自的特点，而且有些合成材料除了实用性很好以外，还具备一定的审美性。比如，以前建筑外墙的装饰经常会使用石膏或者砂浆进行粉刷，而现在则会选择贴瓷砖或者墙纸，这与之前的粉刷相比，不仅在实用性功能上毫不逊色，还具备了更好的审美性。总而言之，建筑设计方案都要以材料作为载体，从之前的侧重于室内装饰，逐渐转变为提升装饰材料在建筑设计中的地位。

装饰材料包含多个种类，如我们生活中常见的水泥、砖瓦、钢筋等。这些装饰材料对于一个建筑物来说应该是最基础的材料，它们共同构建了建筑的基础结构，使用范围很广。通常来说，基础性材料的使用更为重视其功能性，材料自身的装饰性是非常弱的，甚至并不具备装饰性，是比较粗糙的材料。不过，由于现代设计创新，很多设计师会让钢筋、水泥等材料直接暴露在室内空间中，然后选择其他装饰材料与其搭配在一起，这样反而可以达到意想不到的效果。在装饰材料中，表面材料也是非常重要的，它对整个房间的装饰都有着非常重要的作用，涂料、瓷砖、墙纸等都属于这一类材料，其中涂料是使用比较广泛的材料，它主要用于粉刷建筑物的表面。不过，这样的材料也存在一些问题，其中所含的甲醛对人的身体是有伤害的，所以人们在使用这类材料进行装修时不得不慎重考虑这些问题。由此，人们开始慢慢喜欢选用瓷砖这样的贴于表面的材料进行室内或室外的装饰，这样的材料打理起来也比较方便。另外，人们也会选择墙纸，墙纸不仅安全，而且环保，装饰的美观性也比较好；人们还会选用一些现代的有机材料，这些材料同样具有安全美观的特点，但其在防潮、防火方面不尽如人意。

（二）装饰材料的分类

1.硬装饰材料

室内设计中经常会提到"硬装修"一词，其意思就是在装修过程中无法移动的装饰物，如基础设施和框架结构，重点考虑的是空间的布局以及实用性能，空间的美观性也包括在内。所以，吊顶的设计、地面和墙面的设计、厨房和卫生间的设计等都属于硬装修。在整个室内设计方案中，硬装修通常是最基础的内容，装饰材料的选择也会对整个室内空间所呈现的特点和风格发挥决定性作用。在硬装修中，设计师要根据装修的具体内容选择合适的装饰材料，这些材料一旦确定，在未来很长的时间里基本上都是不会更换的，这是因为硬装修所使用的材料通常都依附于固定不动的载体。

从整体上看，室内设计中的硬装饰材料主要包括以下几大类：

（1）墙面装饰材料，如墙面涂料、混凝土、石膏、木材、石材、玻璃、建筑陶瓷、金属、人工复合板、塑料、墙纸、墙布等。

（2）地面装饰材料，如瓷砖地板、实木板、人工复合板、人造大理石、塑料板材、地毯、涂料等。

（3）吊顶装饰材料，如石膏、混凝土、有机高分子涂料、人工复合板、吸音板、铝合金板、顶棚龙骨材料、塑料等。

（4）其他不可活动的装饰材料，如门窗金属材料、铝合金材料、塑料、玻璃制品等。

2.软装饰材料

和硬装修相对应的当然就是软装修。软装修指的是在室内基本框架装修完毕后，将一些容易移动的装饰物品进行搭配与组合。这样的装饰物通常都是比较美观的，能带给人舒适感，从而营造出或浪漫、或温馨的空间氛围，如灯具、工艺品、纺织品、家具等都属于软装修材料。其中，纺织品所占的地位是其他软装修材料无可比拟的，如我们日常生活中必不可少的窗帘、蚊帐、床单、桌布等，这些装饰物的质感和色彩是极为丰富的。另外，这样的装饰物还能发挥很好的点缀作用，它们虽然并不会占用很大的空间，但是却能起到锦上添花的作用，在室内设计中不容小觑。

在室内设计中，软装饰材料的作用是非常大的，这是因为其不管是色彩、质感，还是图案等都十分多样且独特，不仅可以方便人们的生活，还能使室内空间给人一种亲切感。软装饰材料不仅可以充当背景，还能起到主要的装饰作用，其材质、色彩等方面的合理搭配可以对室内的整体风格发挥调节作用。总而言之，室内环境会因为软装饰材料的选择和搭配呈现出多种不同的风格特点。

二、室内空间中装饰材料的运用原则

（一）因地制宜原则

在对一些小户型进行装饰材料设计时，设计师经常会运用因地制宜的原则。在选择材料时，设计师会充分考虑户型的特点以及空间上的差异性，在此前提下进行设计，合理选择装饰材料，以使室内空间从视觉上被放大，从而方便居住者的生活。

在进行室内设计时，设计师在选择装饰材料时应以具体的户型为依据，特别是对于边边角角的设计更是不能忽视，反而要格外注意，可以多使用一些木质的收纳抽屉、柜子等提高空间的收纳性能。比如，如今很多的小型公寓往往会设计成复式的结构，这样就能达到扩大空间的目的。有时客厅、卧室和厨房等会处于同一个空间，可以使用各式各样材质的材料将其分隔开来，这样空间就会显得更加开阔了。另外，室内楼梯下方的空间也可以利用起来，如在下面设计一些木质的柜子或者抽屉，这样就能充分利用整个室内空间，从而更好地解决收纳问题。

除了要根据户型的实际情况进行合理设计外，设计师还可以把当地的一些具有独特魅力的元素应用到设计当中，如根据当地的气候、植被、地势等进行材料的设计和选择，使居住者产生亲切感和认同感。这样的以打动人为原则的设计更容易使居住者感受到浓厚的家庭氛围，从而获得居住者的认同[①]。

如今，现代社会进步的步伐越来越快，装饰材料为了满足人们的需求也在不断地更新，这也使得室内空间设计呈现出动态的特点。设计师除了要根据建筑的具体情况进行设计以外，还要充分考虑现代化材料的发展，从而进行合理的搭配设计。比如，有的人十分喜欢某一种材料的质感和其装饰出来的效果，但是这种材料在耐用性上不尽如人意，这时候就可以运用现代化技术所生产的材料，使人们的装饰和实用需求得到满足。例如，在进行墙面设计时，可以选择一种无纺布墙纸，这样的墙纸不仅环保、安全，还具备多种肌理，能满足人们对材料肌理上的多种需求，甚至有的无纺布墙纸还能呈现出立体的3D效果，就像真实的砖块一样，让人难以置信。

所以，设计师在选择室内装饰材料时要因地制宜，结合具体情况，综合多

---

① 王小溪：《装饰材料的文化表现和运用》，硕士学位论文，西安建筑科技大学艺术学院，2011。

种家具元素进行设计。这样所设计出来的作品不仅能很好地满足日常的功能性需求，还能通过各种设计技巧的运用达到美化和充分利用空间的目的。

（二）美学原则

在人们的现代生活中，室内空间设计具有非常重要的地位，室内设计可以使室内空间呈现出各种各样的美学特点，和当地的文化特色相结合，以形成独特的室内风格[①]。所以在室内设计过程中，设计师一定要严格坚持美学原则，从而满足现代人多样化的审美需求。

住宅最基础的功能就是使人们的居住需求得到满足，而居住需求除了实际的实用需求以外，还包括人们心理上对美的需求。室内空间是人的避风港，不仅可以为人遮风避雨，还能给人心灵上的慰藉。所以，设计师要根据人们不同的审美需求进行有针对性的装饰设计，营造出一种温馨感，以满足人们的心理需求。在确定了人们的心理需求以及审美需求的基础上，设计师要选择合适的装饰材料，对具有某种风格特征的室内艺术表现形式进行综合运用，包括材料的图案、色彩、质感等表现元素，从而让室内空间更具文化和审美内涵，并改善人们的居住环境与体验。

（三）主题设计原则

室内装饰材料设计还需要遵循主题设计原则。由于现代室内空间功能越来越多样化，根据不同的空间主题，室内装饰材料也要做出不一样的设计搭配。根据空间的功能，现代室内空间主要可以分为住宅空间、娱乐空间和办公空间。住宅空间的装饰材料设计往往要根据不同的住户做出不同的选择，这种主题下的装饰材料运用较为丰富，毕竟不同人群的需求各不相同。在住宅空间中，装饰材料的运用除了必须具有建筑功能性以外，还要满足人们的生活需求。例如，小户型客厅中不仅仅要有休憩的家具硬装材料，还要有一定的娱乐设施以调节人们的生活。

在现代人眼中，办公室环境也是非常重要的，如今社会经济发展飞快，人们的生活节奏也随之加快，人们不得不面对加班的问题，有时候甚至要将工作带回家完成，所以部分人对居住环境还有适合办公的需求。对于小户型而言，办公空间与卧室、客厅、厨房等其他空间结合在一起是比较合理的，餐桌可以充当办公桌，也可以在客厅搭建一个隔板作为书桌或者电脑桌，以满足居住者

[①] 杨芳：《浅谈软装饰与室内设计风格的营造》，《山西建筑》2009年第9期，第247-248页。

对办公的需求。

对于现代人而言，娱乐空间也是极为重要的，特别是对于年轻人来说，家居更要具备娱乐休闲功能，从而满足自己放松身心的需求。在进行户型设计时，娱乐空间一般会设置在客厅当中，室内装饰材料则体现在电视区域的背景墙设计上。背景墙可以根据室内风格主题进行合适的安排，或简洁，或古朴，材料的选择范围极多，玻璃、木材、大理石等都可以营造出空间的娱乐氛围。

第二节　装饰材料在室内空间中的视觉设计

本节主要以小户型室内设计为例，通过不同的设计手段，如功能收纳、情感化寓意等对家居装饰材料进行更加细致化的设计，以便创造出更为合理、人性化的空间效果。

一、装饰材料在室内空间中的艺术功能

（一）丰富空间层次

在现代室内设计中，装饰材料早已不局限于木头、石头等这样的天然材料了，金属、塑料、玻璃以及现代合成材料反而使用得更加广泛，在各种创新型的搭配下，展现一种与传统风格不同的现代空间设计风格。由于受到面积的限制，小型室内空间的设计往往格外注重空间各个区域的个性与丰富性的表现，不主张一味追求奢华高档，而是着力于表现各个空间的实用性、舒适性、灵活性，体现住宅空间的多功能性，以实现更好的空间层次。[①]

材料式的展示设计是现代小户型室内空间中经常使用的创新设计，这种设计方法不仅可以使得整体空间得到充分利用，还能在整体上具有一定的展示作用。这种设计方式主要是将装饰材料进行延伸式的展开运用，大多将其与家具相结合，既有使用功能，也具有装饰的作用，可以很好地利用空间，产生丰富的空间层次感。例如，在小户型的客厅设计中，可以采用开放式组合衣柜进行收纳设计，在沙发后面，沿着整个墙面设计一个半围合型的木质壁柜，其中的格子分区提高了空间的利用效率，在整体上也会提升空间的通透性，且收纳的

---

① 葛鲁君：《建筑装饰材料在室内设计中的创新性运用》，《轻工标准与质量》2013年第1期，第61~64页。

物品同时具有展示作用，具有丰富的空间设计感。

　　为了更好地装饰小户型的室内空间，使室内空间更具层次感并营造出更好的环境氛围，就要注重对装饰材料的色彩选择。[①]首先，对于小户型的居室来说，色彩的合理搭配对其层次感的提升具有至关重要的作用，而且，即便选用的材料是纯天然的，利用一些手段和方法也能使其原本的色彩发生改变，可根据自己的需求赋予其另一种色彩。所以，室内装饰物在色彩的选择上是具备多样性的，不同的色彩搭配可以打造不同层次感的空间。其次，灯饰的选择对于小户型室内设计也尤为重要。灯具的多少并不能决定装饰效果的好坏，只有对其进行合理化的设计，才能达到最佳的效果。光照能构成空间，也能改变和美化空间。对于居住者而言，灯饰的视觉功能是非常关键的，如果居室缺少光照，没有了明暗色彩的对比，也就谈不上色彩感。所以，设计师必须充分考虑光照和室内环境之间的联系，使光照能够合理分布，从而在灯光的对比下通过光色、色温等为居室营造不同的氛围，使空间环境变得更加丰富。

（二）美化家居

　　好的室内装饰材料不但可以使室内空间的功能性得到增强，还能有效提升其审美和艺术方面的价值。针对室内不同的区域，设计师可以根据其各自的功能进行合理的装饰材料的材质选择，并且通过自身设计思维和美学法则的运用，使室内空间不仅具备功能性特征，还能突出其一定的美学功能。

　　现代住宅不乏小户型，虽然这样的户型空间小，但是住宅应该具备的功能都是齐全的，而且正是因为空间面积上的约束，该户型呈现出自身独特的设计特点，在装饰材料的选择上也强调应具备一定的美化功能。例如，在设计天花板或者吊顶的时候，可以选择不同的装饰材料以营造各种不同的风格，用白色的石膏线呈现出简约、大方的特点，再以漂亮的灯具进行装饰，使整个天花板看起来十分具有设计感；用墙纸装饰墙面，地板的装饰选用光亮的瓷砖，然后摆上简约的家具，这样一个充满现代感的小户型简约居室的大致轮廓就出来了。[②]

　　当然，设计师在装饰材料的色彩搭配方面可以根据居住者的需求而定，从

①　张焘、陈虎：《装饰材料在现代室内设计中的作用》，《商情（教育经济研究）》2008年第6期，第124页。
②　李永娟、李永慧：《浅谈室内设计风格演变发展与创新》，《大众文艺》2011年第17期，第70-71页。

而设计出让居住者满意的效果。这样一来，居住者在外忙碌了一天回到家里以后，看着虽然空间不大但却十分温馨的居室，心灵上就会得到满足和慰藉。装饰材料的设计只有具备了美学的意蕴，才可以称得上成功，因为视觉上的美能使人产生愉悦的情绪，这可以在一定程度上弥补空间狭小的缺陷，同时带给人温暖的感觉。

另外，在针对小户型进行装饰材料设计时还要充分考虑到隐藏性的问题，也就是说，家具的设计不但不能对日常的使用造成影响，还要满足一定的审美性。比如，在摆放鞋子的时候，如果鞋子被堆放在一边，势必会对室内整体的美观性造成不好的影响。所以针对这一问题，设计师们设计出了一种隐藏的木柜用于鞋子的摆放，这种木柜可以放置在墙壁的里面，然后柜子里用木板隔开以便于鞋子的摆放，柜子的门和外墙的墙面是处于同一个水平面上的。这样一来，人们将看不到成堆的鞋子，从而有效地增强了室内空间的美观性，也使室内空间的实用性得到了有效的提升。

（三）营造装饰氛围

室内装饰材料还能对空间的艺术氛围进行调节，从而使其装饰性更佳。对于小户型而言，室内装饰材料的运用范围非常广，主要分为三个方面，即室内的背景、家具以及装饰物。通过这三个方面就能基本实现装饰氛围的营造。其中，室内整体风格的定位主要由室内背景来决定，因为室内的大致色调和氛围特点都是由室内背景所体现的。[①] 家具是室内主要的陈设物，家具材质、色彩的选择以及摆放的位置对于整个室内空间的氛围也具有一定的影响。室内装饰物对于室内设计也十分重要，一些看似范围广、面积小的装饰物却具有很好的点缀作用，装饰物的合理选择可以使室内空间更具美感。好的小户型室内设计应该在室内的背景、家具以及装饰物这三个方面进行良好的设计和搭配，在风格主题确定好以后，其设计氛围也能更好地展现出来。另外，来自不同地区、不同国家的人都非常注重通过装饰物来营造独特的氛围，特别是中国人，更是喜欢通过装饰来彰显风水装饰理念，如悬挂中国结来象征吉祥如意，就体现了装饰的风水学。

通常来说，装饰物除了具有装饰和点缀的作用以外，更重要的是其具有的象征意义，如象征福禄、喜庆等。所以，装饰材料通常会选用象征着吉利的红色，而材质通常是纸、织物等。比如，在结婚的日子里，人们会使用大红色的

① 刘寒青. 可持续装饰材料在室内空间设计中应用美学研究 [D]. 杭州：浙江理工大学，2012。

装饰来进行搭配，因为红色有吉祥的寓意。所以，作为室内设计元素，装饰材料不仅可以为小户型的室内设计提供美感，还能从心理上使居住者得到满足，它可以作为象征符号，使其实际的意义远远超越其本身的意义。

二、装饰材料在室内空间中的风格营造

（一）流行时尚风格

在设计小户型的室内空间时，装饰材料可在不同的设计之下呈现出多种风格，其中最常见的一种风格就是现代的流行时尚风格，因为这种风格和当代年轻人的个性追求是相符的。其体现的是一种富有时尚感的个性特征，不俗气，不千篇一律，而且能根据人们的个性化需求进行设计。

流行时尚风格的室内装饰往往是在现代空间基本设计的基础上，加入一些时下比较流行的装饰元素，其风格更替性较强，而装饰材料的使用也较为广泛。首先，流行时尚风格的装饰材料在基本的室内硬装上差异性不大，主要也是吊顶材料、墙面粉饰和地面材料这几大类，种类包括石材（天然石材和人工石材）、墙纸、石膏、涂料、瓷砖、实木、玻璃、金属等。在这些基本的材料中，设计师可以根据客户的要求，选择合适的质感、纹理、色彩进行设计，营造出基本的现代风格。① 然后，设计师根据时下的潮流元素与客户进行沟通，在软装饰材料设计上进行特色化的设计，打造出与众不同的流行风格。在这一点上，流行时尚风格在设计上比较多样化，室内装饰材料也因为客户的喜好不同而有很大的变化，有的会偏向于欧美时尚风，采用大量的西式装饰材料元素；有的会偏向于传统潮流风，从传统文化中进行元素提炼，因而这种风格的整体材料设计搭配与时下流行的元素有很大的关系。

（二）现代简约风格

在现代主义设计的影响下，室内设计往往会利用多种造型，进行多种色彩搭配来形成一种比较简约的风格，这种风格的设计往往非常受一些喜欢简单、追求简约的人的钟爱。同时，这样的室内设计风格非常适合一些小户型，不会刻意去追求各式各样花哨的材料，而是更加注重搭配，致力于通过最简单的设计呈现出最理想的效果。

现代简约风格的设计通常会选用一些表面光滑、简单且没有丰富肌理的材

---

① 张轶、李亚军：《论材料在室内设计中的重要作用》，《艺术与设计（理论）》2008年第4期，第99-101页。

质，同时在色彩的选择上也更倾向于中性化，从而为整个设计风格确定一个大致的基调，大理石、玻璃等都是比较常用的材料；然后选用一些其他颜色作为跳色，起到点缀的作用，如在餐桌上摆放花瓶、在沙发上铺盖一些织物等。这样的装饰设计在使整个室内空间形成简约风格的同时，又能在此基础上增添一丝活泼，是材料运用中比较常见的一种方法。

在进行小户型室内设计时，选择现代简约风格的设计能够有效扩展室内空间，不进行繁杂的装饰，能使居住者忽略室内面积的限制，从而在观感上更为舒适。在这类设计当中，吊顶的走线通常都是比较简洁且流畅的，所使用的隔断具有清晰的纹理，主要对硬装饰材料进行合理化的设计，从而使房屋的基本实用功能齐全，简约、清净的室内环境搭配中性色调，以营造出小而温馨的室内氛围。比如，针对小型复式公寓的空间设计，设计师可以将餐厅、厨房与卧室空间进行分层处理，下层设计为日常的活动空间，上层设计为卧室，而分层外的空间可以做客厅处理。通过整体的精细化布局可以让这个小户型显得比较开阔，完全符合现代人的生活需求，而且具有很好的视觉审美感。但是，简约化的装饰材料设计并不意味着极简设计，还是需要有一定的装饰的，或者是跳跃性的色彩点缀，或者是绿化材料设计，否则过于简洁的材质会让人们身处其中时感到紧张、不自在。所以，可以在复式公寓中通过沙发墙的装饰物、茶几上的花卉来调节氛围。此外，由于面积较小，小户型可以进行一些隐藏空间设计，以获得表面的简约风格，通过不同材料的隔断、组合、隐藏等方式可使得空间得到多重利用，扩大空间利用范围。

（三）浪漫唯美风格

室内空间设计中还有一个比较重要的风格，那就是浪漫唯美风格，要想打造这样的风格，在装饰材料的选择上就要注意和这一风格相呼应。软装饰材料可以对材质进行调控，而在色彩的把控上大多选用紫色系的颜色。

对于小户型空间设计来说，软装饰材料更具灵活性，在打造各种风格特征方面也比较容易一些。在软装饰材料中，织物具有不可忽视的重要地位，其不管是在材质、质感，还是在色彩、图案方面都是丰富多彩、千姿百态的，而且与人们的日常生活有着非常紧密的联系。在室内设计中，织物主要包括沙发用品、窗帘、台布、地毯等，不同的材料有着各自不同的质感和色彩，其既可当作背景使用，也可用于重点装饰，是整体室内浪漫唯美风格设计的重要方面。例如，在小户型室内空间设计中，可以通过织物的材质和色彩设计进行整体空间氛围的调控，这些织物主要包括轻柔的紫色窗帘和蓝紫色的地毯，深浅的紫色搭配使得整个卧室极具浪漫氛围，处处透出一股清新而又神秘的气息，在让人产生柔和的视觉感受的同时又具有很强的艺术感染力。

另外，一些小户型的房屋可以在室内摆放一些植物等自然材质的装饰物，这样可以使室内空间更具浪漫感和唯美感。因为绿植本身的视觉审美特征就是比较强的，如果绿化设计良好，就会使室内空间充满清新、浪漫的氛围感，从而减弱因面积小而产生的压抑感。另外，进行不同类型的花艺造型设计，还能使室内空间呈现出多种不同的设计效果，从而带给人更好的审美体验。

三、装饰材料在室内空间中的艺术表现

（一）装饰材料的形态表现

在小户型室内空间设计中，装饰材料的精细化设计在某种程度上可以体现在材料组成的外在造型上，无论是硬装饰材料还是软装饰材料，室内的各种不同装饰物品都可以通过材料的形态来进行表现。[①] 装饰材料不同的造型元素可以传达出不同的如含蓄、夸张、轻松、活泼、庄严、典雅等设计情感。例如，对称或方形的造型意味着严谨，往往可以塑造庄严、肃静、雅致的氛围；柔和而饱满的造型则意味着团圆，有助于营造温馨、亲切的气氛；流畅的曲线或者动态的造型则显示出生命的力量，使人更容易产生热烈、自由的感觉；不规则的设计造型则可以在变化的形态中为整体的室内空间设计带来跳跃的动感和别样的情趣。因此，不同的装饰材料造型运用可以给室内空间带来不一样的设计感。例如，在小户型室内设计中可以将装饰材料设计融入各种不同的造型元素，运用多种家居造型元素进行材料的融合，通过精细化的设计体现现代感。首先，沙发、茶几等家具设计为现代简约风格，以皮质、布艺材料为主，沙发可以采用端正、现代的造型，而茶几则可以采用椭圆造型，实现方圆对比。其次，灯具的材料可以采用水晶材质，其光影效果极为丰富，而且吊顶大灯与餐桌处的水晶灯在形制上也应有所区别，一个圆融，一个自由。最后，电视背景墙主要通过极简设计进行装饰，材料可以采用墙纸，没有多余的装饰，淡黄的背景墙与黑色的电视、音响形成了强烈的对比，体现细致、精心的设计风格。

① 李晓：《从视觉层面研究室内装饰材料的表现与应用》，硕士学位论文，中央美术学院设计学院，2006。

（二）装饰材料的配色美学

在室内设计中，通过色彩来传递情感是常用的一种手段，所以在运用装饰材料时，可以通过色彩的合理运用来实现良好的小户型空间设计。装饰材料的色调、明度、纯度等都能使人产生各种不同的情感。比如，黄色和红色能带给人温馨的感觉，而黑色和白色等则会让人觉得充满时尚感，蓝色和紫色会让人觉得高雅且充满神秘感，等等。除此之外，对材料进行不同颜色的搭配会呈现出不同的效果，带给人不一样的情感体验。如果将纯度比较高的色彩进行对比搭配，能带给人奔放、热情的感受；而如果将同色系的纯度低的颜色搭配在一起，就会营造出清新、淡雅的氛围、在家具颜色的选择时，就可以根据背景墙的颜色进行淡粉系列的搭配、淡紫系列的搭配等，这样会使室内空间更具温馨、浪漫的氛围，使人获得温暖的感觉。

室内装饰材料主要有三种配色方法：第一种是类似配色，指选择色环上比较接近的颜色进行搭配。这样搭配出来的效果不但不会给人冲突感，还会使颜色彼此协调，给人温馨、舒适的感觉。所以，使用这一方法进行色彩的搭配非常适合营造温馨的氛围，特别是选用暖色系的颜色进行搭配，除了会带给人温馨感以外，还不会使人受到视觉上的刺激，对于小户型的空间设计是非常合适的。第二种是互补配色，指选用色环直径上相对应的色彩进行搭配。通过这种方式搭配出来的颜色具有强烈的视觉效果。在实际的应用设计中，主色调的选择通常会使用一种装饰色彩，其余的互补色材料则起到点缀的作用，这样就能呈现出基调统一且不失活泼的效果。假如二者在使用的材料比例上是相差无几的，就会产生对比强烈的视觉效果，给人一种不协调的感觉。第三种是对比配色，指选择色环中呈 90 度到 180 度的颜色进行搭配。通过这种方法进行色彩的搭配会呈现出一种对比强烈的视觉效果，但是互补色并不强烈。主要使用的对比色是三原色，如红色和蓝色的搭配、红色和黄色的搭配等，色相不同的颜色往往会使室内空间更具设计感。

第三节 装饰材料在室内空间中的实用设计

装饰材料是小户型室内设计中的基本元素和载体，空间中涉及的任何装饰内容都需要通过材料的运用来获得最终的功能。本节将重点论述装饰材料在小户型室内设计中的实用设计，明确装饰材料在小空间设计过程中的基本作用，然后重点从材料性质与情感上对装饰材料在小户型空间中的设计进行阐述，重点研究装饰材料的实用设计。

一、装饰材料的实用功能

（一）空间划分与归纳

如今经济社会发展速度加快，城市发展迅猛，各个领域的优秀人才都涌入了一些经济发展比较好的发达城市，人口的增加也使得很多地区的人的居住空间缩小了。在这样的背景下，小户型住宅越来越被人们所推崇和需要，尤其是对于一些年轻人来说，这样的住宅不但价位比较低，而且能结合自身的想象与需求来进行合理的设计。所以，在当今的室内设计领域，空间功能利用设计的地位是不容忽视的，选用合适的装饰材料，可以打造出良好的室内空间，从而使人在这个空间中获得良好的感受和体验。

家居环境是不能以面积作为衡量标准的，也就是说，并不是面积越大，家居环境的好坏就越好。在现代的一些室内设计中，经过合理化的设计与布置，即便是小户型也能给人舒适、惬意之感，要想实现这一点，就要对装饰材料进行充分利用，对室内空间进行收纳设计。首先，可以用装饰材料对室内空间进行划分，这类材料常见的有木质屏风、玻璃隔断等。在这些材料的隔断下，一个大空间就被划分成了几个小空间，每个小空间都具备各自的实用功能，而且具有一定的空间感和审美效果。其次，经过设计以后，装饰材料可以使家居空间变得丰富多样，如衣服的放置、鞋子的摆放、生活用品的收纳等都和家居息息相关。设计师可以选择木质的墙板对上层的空间进行巧妙的使用，也可以进行隐藏式的设计，以呈现出良好的视觉感。所以，利用装饰材料进行收纳设计不但能够有效节省空间，还能对全部空间进行充分且合理的应用。比如，可利用隔断、组合等手段实现室内空间的充分利用，从而达到有效扩大空间范围的目的。

（二）保护功能

如今风靡的小户型设计注重的是空间上的灵活性以及实用性，不管是什么装饰风格，实用性都是最基本的，如果不注重实用性，把装饰材料简单地堆砌在一起，就会造成空间的浪费，对于小户型来说是极为不利的。所以，设计师在选择室内装饰材料时，一定要基于材料最基本的功能进行组合，使不同材料能够相辅相成，从而有效提升室内空间的功能性。

在室内设计中，装饰材料最基础的实用功能是保护功能。不管是涂在墙体上的涂料，还是铺在地面上的瓷砖、木板等材料，其基础的作用都是保护墙体和房屋内部材质。在设计吊顶时，首先要对吊顶的基本形态进行确定，然后在其外部涂上涂料，这样会使吊顶的表面更加光滑，而且能有效延长其使用寿命。在对室内的地面进行设计的时候，可以通过打磨、抛光等多种工艺对装饰材料进行加工，从而使地板更加耐用。在对卫生间进行设计的时候，要充分考虑其特殊的实用功能。卫生间区域比较潮湿，因此要选用防潮、防霉的装饰材料，如玻璃、砖石等，其具备很好的物理性能，不仅能达到防潮、防霉的要求，清洁起来也更加容易，非常适合用于卫生间区域的装饰，另外，在地板缝中间涂上一些玻璃胶，也能达到很好的防霉、防潮的效果。

（三）地域环境适应

在现代室内设计中，装饰材料的选择还要充分考虑地域特征。一个好的设计，通常会体现出当地独特的风土人情，将当地文化元素融入其中，以形成一种独特的风格，给人耳目一新的感觉，也会使当地的居住者获得一种亲切感。在进行小户型设计时，如果增添一些富有当地特色的装饰元素，就会使设计出来的成品更具辨识度。户型虽然不大，但是各种功能俱全，还具有不错的审美性，也不失为一种好的设计。通常，地域风格的设计都是通过装饰材料的材质、色彩、风格等体现出来的。不管采用什么形式，设计师都可以通过材料的选择和搭配呈现出自己想要的空间效果[1]。另外，装饰材料的选择也要充分考虑到当地的气候特点和风土人情，一般气候比较寒冷的地区都会选用暖色调的

---

① 呼筱：《装饰材料在室内设计中的功能及生态环保研究》，硕士学位论文，青岛理工大学艺术与设计学院，2013。

材料，如地毯、木材等。相反，如果是气候比较炎热的地区，则主要会选用金属、玻璃等硬度高的材料，颜色上也偏向冷色系，这样可以使人心理上的热感得到有效的缓解。

当然，在进行小户型设计时，当地的文化背景也是必须考虑的一个方面。当地人是否认可和喜爱设计出来的成品，文化元素也起到了一定的作用。中国人比较钟爱象征吉祥的装饰；日本人则热衷于回归自然的设计，因此经常使用纯天然的材质进行装饰；西方人对于装饰也有着独特的偏好，经常使用罗马柱、石膏线等元素。我们主要以东南亚地区的室内设计为例进行一个简单的分析。东南亚地区在装饰材料的选择上十分注重与文化背景和风土人情的联系，他们崇尚自然，追求质朴雅致的风格，注重通过室内设计来显示其文化底蕴。我们从他们对家具的选择上就能明显看出这一点，他们所选用的家具通常都是用木头、竹子等天然材料制成的。另外，因为东南亚地区气候比较潮湿、闷热，所以为了消除居住时的沉闷感，当地人往往会选择比较明艳的色彩，这样就会给居住者一种朝气蓬勃的感觉。这些明艳的色彩大都取自自然界，也是回归自然的一种体现。

二、装饰材料的质感与情感

（一）装饰材料的质感体现

在现代室内设计中，装饰材料的选择非常注重材料的质感。通常来说，装饰材料对室内空间的质感特征起着决定性作用。装饰材料的质感、色彩等和室内设计最终的效果有着密不可分的关系，材料本身的不同质感和特性会使人获得多种不同的感受。因此，在进行室内设计时，设计师一定要提前了解装修材料的特点，如果可以根据材料的质感进行合理的设计，就会使空间设计呈现出不一样的美感。

首先，任何一种材料都有其自身独有的特征，如木材会使人获得亲切感，这是因为木材本身所具有的自然属性，其具有清晰的纹理，会给人一种回归大自然的感受和体验；金属材料硬度比较高，外表比较光滑，会给人一种冷漠、高级的感觉；玻璃光亮且通透，可以使室内空间得到有效延伸和扩展；亚麻、粗布材质的材料比较轻柔，具有很好的亲和力；随着工艺的进步和发展，塑料材质也呈现出了丰富的质感，有哑光质感的，也有光滑质感的。在使用这些材料进行室内装饰的时候，要具体问题具体分析，根据实际情况，基于客户的需求进行合理的选择。家居的室内设计往往更注重通过织物以及木头材质的材料进行装饰，从而使室内空间更具亲和力，给居住者一种亲切、温馨的感觉；酒店业的室内设计则更倾向于选择人造大理石、玻璃等材质，目的是提升室内空间的档次，使室内空间更具高级感；而一些娱乐场所则更适合选用金属、塑料等材质的材料进行装饰，从而展现其独特的氛围。

除了材料本身具备的某种特征外，还可以利用同材异质的方法进行设计，以获得更为丰富的设计感。如今科学技术水平在不断提高，对于装饰材料的使用也不再拘泥于其自身原本的质感，人们可以根据自己的实际需求，通过各种科学技术手段来获得自己喜欢的材质质感。同材异质的方法就是在实际的室内设计中，选择相同的材料，而使材料的质地发生改变，以达到与别的材料质感相似的效果①。通过这种方法，室内设计材料会更加多样化，还会呈现出一定的审美特征。比如，对塑料材质的桌椅板凳进行喷漆、磨砂等操作就会使其产生和塑料完全不一样的效果，经过这样的加工后所呈现出来的材质不仅非常耐磨，而且具有一种独特的美感，深受现代人的喜爱。通过同材异质的设计方法，人们对于现代室内空间设计有了更多的选择。

如果想要用一些档次高的材料进行室内装饰，但是由于资金有限很难实现，就可以通过同材异质的方法用价格比较低廉的材料来代替，这样同样可以达到客户想要的效果。例如，用陶瓷仿照大理石等昂贵的石材，既能达到它的视觉效果，又可降低它的使用成本。比如，在小户型的家具材料设计中，可以用塑料替代藤木，由自然的藤变成塑料的藤，且在藤的表面设计木的纹理。这种设计不仅能使得藤家具在物理特性上更为耐用，而且可以在很大程度上降低材料的加工成本，因为原生态的木材成本较高，而且过多地使用会对环境产生不良影响。因此，通过同材异质的手法对材料进行再设计，除了能让材料的使用更具物理特性以外，还可以弥补原有材料化学特性的不足。

（二）材料的情感释义

由于特质不同，材料不管是在色彩还是在肌理方面都有着各自的特点，要对这些性能有一个详细的了解和掌握，才能对室内空间进行更好的设计。通常来说，在现代室内设计中，装饰材料的使用不仅要尽可能地使材料的自身优势得到充分发挥，还要注重在情感上使居住者的需求得到满足。材料因为质感不

---

① 徐茹意：《植物编织材料在室内设计中的运用与研究》，硕士学位论文，西安建筑科技大学艺术学院，2016。

同，在色彩和光影上呈现出来的特性也是不一样的，从而能有效引发人们不一样的心理感受。

室内精细化设计会从材料质感的选择上得以体现，选择了合适的装饰材料就能营造自己想要的氛围，然后使人产生认同感和共鸣。通常而言，材料的材质不同，所传达的情感也是不一样的，如果材料的材质是表面比较粗糙的，就会让人产生一种亲切感和温馨感。相反，如果其表面比较光滑，那么就会让人觉得高贵和华丽。随着科学技术的进步，人们开始对材料进行一些技术上的加工，如对粗糙的材料表面进行打磨和抛光，这样就能使材料在材质上更加细腻，这样的细腻材料经过纹理上的设计，就会呈现出与以往不一样的质感。经过技术处理的异质设计，总是能产生让人耳目一新的独特美感。另外，人的情感和材料也有着千丝万缕的联系，那些更接近自然的纯天然的材料往往更能引发人们的情感。比如，金属材料会给人冰凉的感觉，木材会给人舒适、自然的感觉，纺织品则会给人温暖、亲切的感觉。根据材料的特质进行合理运用，也是技术与艺术完美结合的体现。

在现代室内设计中，材料元素的运用是千变万化的，大部分基础性的材料都有着各自的情感内涵，因此，将这样的材料运用在室内设计中，就会使室内设计同样呈现出不一样的情感表达。比如，砖这种材质代表传统生活的审美以及情趣，大部分民居都会使用。如今社会现代化发展的速度在不断加快，在很多因素的影响下，传统的黏土已经慢慢退出了我们的生活，可是黏土自身所体现的传统性、民间性却能很好地突出现代设计的情感，促使人们重新对传统文化进行审视，其不管是在功能上还是在审美性上的延伸，都会引发人们的思考。作为一种传统的建筑装饰材料，砖是在人们的生活中非常常见的，如今它正在以一种装饰元素的形象出现在人们的生活中。随着科学技术的进步，经过重构和置换以及循环利用，砖迸发出新的光芒，引起了人们的广泛关注，并且再次被广泛运用到设计当中。比如，在有的室内设计中，要想对室内空间进行一个隔断的划分，就会采用砖这一材料，根据该材料不同的宽度来进行线条的多重建构，从而展现出极强的韵律感，使砖作为一种装饰材料能够突出其浓厚的装饰意味。另外，青砖本身还带有一种清韵淡泊的气质，这种气质会使空间的独特氛围得以明确和突出，并展现出独特的内涵。在材料不改变的情况下采用不一样的设计方式，就会营造出一种让人眼前一亮的独特的情感韵味。

第四节　现代室内装饰材料设计的发展趋势

一、现代室内装饰材料的艺术性发展

近年来人们对室内装饰材料设计这一话题进行过多次探讨，其实，它实际上主要强调的是一种生活理念。设计始于人类的生活，其中最具代表性的就是建筑领域，室内设计也是从建筑业延续和扩展而来的，这与人类的深层体验是息息相关的，不管是在功能体验上，还是在视觉审美上，都有着非常重要的意义。所以，对于室内装饰材料设计而言，发展装饰材料的艺术性也是非常重要的一点，它对最终的设计成果有着直接影响。

装饰材料对于现代室内空间设计的发展具有很大的推动作用。总体上看，现代装饰材料设计具有艺术化的发展趋势。审美化的材料设计不仅仅可以使其与室内空间主题更为吻合，而且能促进整个空间氛围和整体体验感的提升，为整体室内空间设计带来新的活力。尤其在小户型的空间设计中，良好的装饰材料设计可以弥补空间面积的不足，从视觉上给人们带来更好的家居体验。所以，对于现代的小户型室内空间设计来说，开展材料元素设计研究的课题对于今后室内设计艺术的深化和发展具有重大意义。装饰材料可以通过造型、色彩、材质和风格等不同方面来进行艺术化的呈现，从而给整个空间带来更为明确的设计风格，符合不同人群对室内空间的设计要求，并满足小空间对功能最大化利用的需求。而且，即使是普通的材料，也可以通过艺术化的表达实现融合。例如，隔断装饰在小户型空间的设计中有很重要的作用，它可以延展空间，而隔断的镂空装饰则可以通过不同的造型进行艺术设计。因此，装饰材料在经过设计师的加工与改造之后，常常可以带给人们耳目一新的感觉。

然而，人们在追求美好事物的时候，通常有着各自的审美和爱好，因此设计在发展过程中开始慢慢出现背离初衷的情况，逐渐脱离最初的那种自然的状态，取而代之的是材料上的大量堆砌、繁杂的工艺以及对材料造型的过度关注。这对于装饰材料设计来说，是与其艺术发展理念相违背的。材料设计和产品设计是不一样的，最佳的设计是对生活理念的引导，并在此过程中使人们获得更丰富的视觉体验。

二、现代室内装饰材料的环保性发展

（一）环保型材料的运用

在我国国内的市场中总是能看到各种各样的环保型材料，但是就目前的情况来看，对这样的环保材料的应用并不是很广泛。很多消费者在选择装饰材料的时候，一般首选的依然是那些普通的材料。随着人们健康理念的不断提高，人们对于材料是否危害人体健康的问题更为重视，但是对于环保型材料的关注度却比较低。究其原因，主要有以下三点：首先，环保型材料的可选择性不是很高，远远不及普通材料。其次，环保型材料因为是经过科学技术手段形成的，但这一技术的机制还不是很成熟，所以环保型材料的成本要高于普通材料，其售价也就比普通材料要高。最后，环保型材料后期维护的经济和人力成本会比较高，人们在综合考虑这些方面后，往往更倾向于使用普通材料。因此，要想使环保型材料得到更加广泛的应用，首先就要对人们进行引导，让人们树立环保意识。另外，在相关的技术研发方面也要加快步伐，从而满足人们的日常所需，使人们在材料的可选择性和经济性方面得到满足。而且，推动环保型材料的发展不应该只关注材料的环境友好性，还要通过多种技术的应用降低材料循环可再生的门槛，从而使更多人能够接受它，这是环保型材料今后重要的发展方向。

（二）装饰材料在室内空间中的二次利用

据有关资料统计，在总体环境污染中，与建筑业有关的环境污染占 34%，而且建筑能耗绝大部分是不可再生的能源消耗。在建筑业对环境造成的污染中，有相当一部分是由室内装饰材料的生产、施工与更新造成的。调查表明，美国的建筑垃圾处理利用率达 90% 以上，韩国和日本的建筑垃圾处理利用率更是高达 95%～97%，而中国的建筑垃圾处理利用率只有 5%。[①] 可见，中国在建筑垃圾的二次利用上，远远不如其他国家。在室内装饰材料的二次利用上，追求材料的可循环再生利用是可持续发展的要求。现在最新的材料再生手段可以创造出二次使用材料，如可以代替传统红砖的免烧实心砖，可调节空气湿度的透水砖、空心砌和行道砖等。显然，这样做的好处是将减少城市建设对天然石料的依赖性。

---

① 崔恩齐：《环保材料在室内设计中的可持续开发与应用》，硕士学位论文，东北师范大学美术学院，2011。

对于可再生材料的运用主要可以分为两种类型：第一种是将材料进行重组以后形成另一种新材料，第二种是对将要废弃的材料进行重新加工，以与以往不同的方法将其运用在空间设计中。第一种主要依赖科学技术手段，第二种则更多地位赖设计师的发挥。同一个空间，由于所用装饰材料的材质不同，所呈现的空间效果往往也是不一样的。对于欧式风格的打造，设计师主要会选择一些价格比较贵的材料，如玻璃、不锈钢、珍贵木材等，然后搭配一些水晶灯具的点缀，这样呈现出来的空间效果就会给人一种高贵的感觉。不过，这样的效果对于小户型来说并不是很适合，因为装饰如果太过繁杂，就会使原本狭小的空间更加压抑。所以，同样的小户型空间里，若选择自然的竹木、清水混凝土，合理灯光辅助尽可能多的自然光，出现的效果则朴素很多。此外，人们还可以采用环保型装饰材料：第一种是回收物，如从其他地方拆卸下来的材料；第二种是可再生物，如竹木类，竹子的生长周期较快，且可变性较高，装饰性也较强；第三种则是低廉物，如混凝土，这类材料往往不需要花费大量的金钱，可以大大节省装饰成本。这三种材料都有各自的特点，在具体的选择与应用中，不但能够直接暴露在外面，无须任何修饰就可以表现出很强的肌理，而且可以使用其他方式将其原本的色彩掩盖住。虽然它们与那些昂贵的材料是无法相提并论的，但是从生态的视角来看，它们都具有极强的可观性，是非常值得推广的。

第八章 传统木雕艺术与现代室内设计

第一节 传统木雕艺术概述

一、传统木雕的认识

（一）传统木雕的概念

木雕具有两个层面的含义：将其作为一种传统的雕塑形式来看，木雕指使用锋利的手工工具对木质物件进行刻凿装饰的艺术；将其作为一种木质雕刻品来看，木雕指通过刻凿的手法处理木材而制成的木器。木雕作为雕饰门类的一宗，主要包括家具、陈设、门窗、梁头出檐托木、梁架、屏罩等，可用来丰富建筑形象。工匠们在制作木雕时，通常根据实际应用部位使用适合的雕刻技法和工艺，如对于梁架等位置较远、较高的构件，通常会采取镂空雕法或通雕法，所雕刻出来的作品因具有粗犷简朴的外表而适于远观。

木雕是我国重要的传统装饰艺术。我国传统文化向来崇尚自然，讲求"天人合一"，追求人与自然相融相生，因此我国数千年来一直使用木质构件建筑宫府房舍，并逐渐形成了独特的木建筑文化。建筑木雕是从加工装饰木质构件发展而来的，开始时只对部分构件进行加工装饰，后来为了满足建筑多元化的审美要求，人们对更多类型的木质构件进行加工装饰，使之与整体建筑完美融合，呼应青瓦白墙，共同构成统一和谐的整体建筑外观。久而久之，木雕就成了建筑必不可少的一部分。木雕的题材形式与家具、室内陈设、园林设计相映成趣，体现了我国特有的审美情趣和文化传统。我国的木雕工艺不仅具有悠久的历史，还有丰富的种类，在我国的大江南北广泛流传，以潮州金漆木雕、福建龙眼木雕、浙江东阳木雕以及温州黄杨木雕最为出名，被称作"四大名雕"。其他种类如永陵桦木雕、泉州彩木雕、南京仿古木雕、苏州红木雕、上海白木雕、曲阜楷木雕、云南剑川木雕等，也因选材、产地或者工艺特色而著称，其中有的具有悠久的历史、浓郁的传统特色、精湛的工艺水平，其能工巧匠数量遍布大江南北；有的虽发展时间尚短，但其技艺水平飞速提高，造型也日愈完美，能反映地域特点。木雕作为我国非物质文化遗产，是中国劳动人民智慧的结晶、勤劳的果实，反映了中华民族的文化底蕴与精神气质。

（二）传统木雕的种类

1. 浮雕

浮雕，也叫作"突雕"，属于"阳刻"，指在原材料上按照木雕题材用刻刀铲凿，再不断深入加工处理，最后形成具有凹凸感的纹理。从一定意义上说，浮雕的雕刻效果较其他木雕表现形式更好，尤其是深浮雕，表现力更突出，能将复杂的题材、场景生动形象地表现出来，达到引人入胜的效果。浮雕通常有三种技法：第一种为将图案雕刻在原材料表面，即"减地平级"的雕刻方法，这种雕刻方式要求图案以外的部分较内部浅一层；第二种为人们经常提到的"高浮雕"；第三种为"浅浮雕"，指的是逐层雕刻围绕在图案外部的部分，以示区隔。浮雕是一种在二维空间中操作的雕刻，可以将浮雕视作压缩了雕刻图案的圆雕，因此浮雕也具备圆雕的部分特点，东阳木雕作品《年年有余》采用的就是这种浮雕技法。

2. 圆雕

圆雕，也叫作"立体雕"，是一种对整体木材进行雕饰刻凿的雕刻形式。圆雕要求全方位雕刻原材料，因此具有很强的立体感。圆雕制品常用作独立的柱头或完整的建筑构件，如挑檐端头的龙首等。立体、完全的雕塑形式是圆雕最大的特点，这种雕塑形式类似于服装的立体裁剪，它的每个面都可以作为正面来欣赏，每个面都可以视为一个完整独立的整体。

圆雕分为两种：一种是装饰性圆雕，常用于建筑中独立立柱的头部和家具中可以立体雕刻的部分，如椅子腿、桌腿等，主要技法有双面雕、三面雕和四面雕；另一种是独立性圆雕，主要用于专供欣赏的陈设品的雕塑，被归纳在艺术雕塑的范畴内，以其极具艺术性的造型为主要特点。我国古代建筑就有很多地方使用了圆雕，比较常见的如石窟、建筑的殿堂以及佛教寺庙等。

3. 嵌雕

嵌雕工艺的关键在于增强立体感。具体过程为：对构件进行了立体花样的通体雕刻之后，再将做好的细部构建镶嵌到主构件上，逐层钉嵌和凸出，最后经打磨形成成品。根据镶嵌工艺，可将嵌雕划分为拼贴、压嵌、挖嵌、薄木镶嵌。拼贴是一种只镶不嵌的工艺，它的制作要求以拼接的方式将具有不同颜色和形状的原件组合粘贴在木制品的基面上。压嵌指的是用胶在被镶嵌制品的表面粘贴镶嵌的部分，再利用机器将粘贴的内容大力压进被装饰的表面，达到一定牢固水平后，再使用磨光机将高出装饰表面的部分磨平。挖嵌最为传统，指用刀具在装饰图案的外轮廓线上挖出有一定深度的凹槽，然后将不同于底面颜色的材料镶嵌在这个凹槽中，再进一步进行加工和修正。薄木镶嵌则要求在底板薄木中嵌入已镶拼成图案的薄木原件，然后用胶将处理好的这部分粘在基材上。

4. 透雕

透雕这种雕塑表现形式为木雕艺术所独有，这种工艺技术要求在木材上切割空洞，并运用平刻技法进行雕刻，作品上雕刻的空洞十分匀称，花纹图案明显，具有一种玲珑剔透的艺术美感和极强的装饰性。透雕有很高的工艺要求，要求匠人先将要雕刻的图案花纹绘制在木材上，然后按花纹雕刻，雕刻时需拉通镂空的地方，铲平其他地方。运用透雕工艺雕刻的构件，无论是正面还是背面，都有良好的视觉效果，因此常被用于花罩和雀替等构件的雕刻。透雕制品由于具有两面兼顾的特性，常用在家居中的屏风、床、桌椅的制作与装饰上，用以分隔空间。透雕要求去掉花纹图案之外的部分，镂空雕琢，因此常给人玲珑剔透之感，故而还有"玲珑雕"一称。透雕的正面雕花俗称为"雕一面"，正背两面的雕刻叫作"雕两面"。

5. 浅雕

浅雕指先将图案绘制在木板上，再使用凿子将实线的部分凿去，使图案低于平面，由此雕刻出明快简洁、线条较浅的图案，这种雕刻技法是一种"阴刻"技法，通常具有古朴、典雅的艺术效果。浅雕适用于大面积的板面，如门板、屏风、木板箱、壁挂等。要保持花纹粗细均匀、线条流畅、深浅一致，就必须确保花纹以外线条底部始终是平整的，所以浅雕工艺具有精细且复杂的要求。

二、传统木雕的装饰风格

（一）东阳木雕

东阳木雕产自浙江东阳并因此得名。东阳聚居着大量的能工巧匠，木雕手艺在东阳木雕家族代代传承，当地木雕艺人群体的规模随着世代发展越来越大，而东阳也因此被誉为"雕花之乡"和"百工之乡"。东阳木雕有其独特的艺术风格，以雕刻精美、历史悠久、题材广泛、气韵生动、品种丰富而闻名海内外。东阳木雕主要有雕花体、戏文体以及画工体三类传统风格。

雕花体也可称为"古老体"，是原汁原味的东阳本土文化，具有古朴雅致的特点，有着极强的刀味感和完美的装饰性，结构紧凑周密，层次丰富，构图布局饱满完整，雕琢洒脱无拘无束。

戏文体吸收、借鉴戏曲文化，把舞台艺术融入了装饰木雕，如舞台的简洁布景、道具、人物等都能成为其基本素材。戏文体木雕从某一戏曲中选择典型的一幕，用木雕语言加以表达，使作品产生新的有意味的形式。

画工体则受到中国绘画艺术的影响。雕刻师以名家工笔画谱为蓝本，使用精致、细腻的刀法来雕刻，同时尝试模仿工笔画的笔意来丰富木雕的表达方式。这类木雕以薄浮雕见长，难度较大，需要保持线条流畅、疏密有致，并且要在非常薄的物体上表现出前后层次、高低起伏。

东阳木雕以浮雕为主，并结合圆雕、镶嵌雕、镂空雕、双面雕、半圆雕、满地雕、阴雕等十几种雕刻手法，雕工精良，装饰性强，玲珑剔透而又整体牢固。东阳木雕作品通常不加色彩，多用透明清漆涂罩，以保留白木的天然本色，因此东阳木雕也称为白木雕。对于仿古一类木雕，则用红木、花梨木、柚木等。东阳木雕种类繁多，大致可分为建筑装饰木雕、家具装饰木雕、摆件装饰木雕、宗教装饰木雕。东阳木雕如图 8-1 所示。

图 8-1 东阳木雕

（二）潮州金漆木雕

金漆木雕诞生于唐代，发源于潮州地区，是一种建筑装饰艺术，它与其他"三雕"（东阳木雕、龙眼木雕和黄杨木雕）之间最大的区别在于：在施漆方面，"三雕"将木材原本的颜色与材质特点基本保留了下来，而金漆木雕则要求在完成雕刻后进行上漆贴金，打造出富丽堂皇的形象特点。在发展过程中，金漆木雕有潮州与广州两大产地，由于潮州地区的金漆木雕更加有名，因此金漆木雕还叫潮州木雕。此外，苏州、宁波等地也出产少量金漆木雕制品。

潮州木雕具有巧妙的艺术构思，集中国绘画、地方戏曲与自身雕刻特点于一身，并对每种艺术进行巧妙运用，不仅具有充满韵律、合理得体的构图，而且具有卓尔不群的艺术底蕴。在雕刻技法上，潮州木雕有透雕、圆雕以及浮雕之分，其中透雕最能展现潮州木雕的特点，能将艺术情趣与雕刻技巧完美地展示出来。平面透雕，通常体积深厚，形象层层叠叠，使作品富有艺术美与立体感。就刀法技巧而言，潮州木雕兼具简练概括、富有节奏、粗狂有力的刀势和轻松婉转、圆润细腻的刀韵，技艺之精湛令人赞叹。

金漆木雕的品种可分为建筑饰件、祭祀礼器、家具陈设三大类。[①]

金漆木雕以雕工雄浑、粗犷、生动流畅见长，造型古典、生动，刀法浑厚，金彩相间、绚烂富丽，具有浓郁的民族风格和地方特色。潮州金漆木雕如

---

① 叶柏风、赵丕成：《木雕》，上海科技教育出版社 2006 年版，第 118 页。

图 8-2 所示。

图 8-2　潮州金漆木雕

（三）温州黄杨木雕

温州黄杨木雕因其使用的材料为黄杨木而得此名。有一句古谚语为，"千年难长黄杨木"，可见黄杨木之珍贵。黄杨木质地坚硬细密，木料呈嫩黄色。生长年代越久远，黄杨木的色泽越深，质地越润，越能给人以典雅、深沉、古朴的美感。黄杨木是一种十分优质的木雕材料。

黄杨木雕兴起于近代，它以传统雕刻技法为基础，具有程式化、装饰性特点，很多黄杨木雕在雕刻上不仅运用了中国传统雕刻技艺，而且借鉴了西方雕塑的结构、解剖、比例等知识，吸收了西方雕塑的写实风格，兼具比例结构与夸张变形统一、写实性与装饰性统一的特点。因此，黄杨木雕不仅具有朴实、简洁、传神的视觉形象，而且雕刻精美、写实细腻、形象生动，是为佳作。黄杨木雕的人物表情神态是以不同形象的不同特点来雕刻的，其艺术效果惟妙惟肖。

黄杨木雕的艺术构思往往十分巧妙，它完美融合并充分发挥了材质、技巧及创意三个方面的美，显著提升了雕刻技法和黄杨木雕的艺术创作层次。从雕刻技法上看，黄杨木雕创造了多种新的雕刻表现语言，如在圆雕手法上，就创作出了群雕、镶嵌雕、劈雕、拼雕等，实现了浮雕与圆雕的巧妙组合，由此创造出了许多优秀作品，具有极高的视觉感染力和艺术性。黄杨木雕如图 8-3 所示。

图8-3 黄杨木雕

（四）福建龙眼木雕

龙眼木雕是最能代表福建木雕艺术特点的工艺品，在我国装饰木雕中有其自身的独特魅力。早在清代，龙眼木雕就已发展到一定水平。在设计上，龙眼木雕讲究沿材造型，顺势雕琢，追求自然天成之美，其成品具有精炼的造型、细腻的刀法、淳朴的风格以及天趣神韵、劲健浑厚的艺术特点。

龙眼木雕具有结构优美、布局合理和生动稳重的造型特点，其造型虽表现出了十分生动且夸张的变形，但完全符合解剖原理的精髓。在刀法上，龙眼木雕既体现了斧凿刀劈的粗犷有力，又表现了刻画的细腻浑圆与娴熟，所刻画的人物形象具有衣纹流畅、形神兼备、质感丰富的特点。龙眼木雕制品因色泽稳重古朴，颇具"古朴"之美。

从造型上看，龙眼木雕大多选择寿星、侍女、佛仙、灵兽、珍禽、草虫、花卉等题材。由于龙眼木形态俊奇、色泽古朴深沉，将之以细腻浑圆的刻画、粗犷有力的斧凿刀劈进行处理，可以使龙眼木雕呈现出古朴仙灵、自然天成、古香古色之感。

《蒲团达摩》木雕作品的装饰风格体现了中国传统文化的丰富内涵和精湛的工艺美术技艺，也凸显出禅宗文化的精神追求和审美意识。这件作品的雕刻技法精湛，彰显了中国传统工艺美术的特点。从技法上来看，作品运用了精湛的雕刻技法，采用透雕和浮雕相结合的方式，把达摩的形象和蒲团的图案雕刻得十分细致和逼真。同时，作品的线条流畅，比例协调，展现了中国传统雕刻艺术的优秀技艺。龙眼木雕如图 8-4 所示。

图 8-4　龙眼木雕

（五）宁波朱金木雕

宁波朱金木雕的历史已有一千多年，"三分雕刻，七分漆工"是朱金木雕艺人的经验总结。朱金木雕的构图格局均采用主观体，前景不挡后景，近景、中景和远景都分现在同一平面上，井然有序，充实饱满，栩栩如生。但其在比例方面是与传统绘画的"丈山、尺树、寸鸟、分人"的比例概念相反的，人物大于实际的物体。其人物题材多取自京剧人物的服饰、姿态，古人称之为"京班体"①。朱金木雕采用"儒生挺颈，美女无肩，老翁凸肚，武士实胸"的人物表现手法，②这些程式化的民间表现手法使宁波传统的朱金木雕妙趣横生，引人入胜。

最能集中反映朱金木雕特色的是漆，而并非其雕工。朱金木雕的装饰要通过漆朱红或贴金箔来进行，对雕刻的精致程度不做要求，漆工的贴金、上彩、插花、精磨以及刮填都是漆工需要注意的地方。在漆的映衬下，朱金木雕能产生富丽堂皇、金光灿灿的艺术效果。

（六）徽州木雕

徽州木雕可以称得上是文人木雕，是我国南方著名的木质雕刻流派，因产

---

① 张超：《中国雕刻文化入门》，北京工业大学出版社 2012 年版，第 173 页。
② 杨古城：《朱金漆木雕》，《宁波通讯》2013 年第 14 期，第 58-61 页。

生并流行于安徽的徽州地区而得此名。它与徽州著名的石雕、砖雕并称"徽州三雕"。

徽州木雕历史非常悠久，产生及流行的时期是元末至民国初期。它独特的艺术风格来源于产生之时异常丰富的传统文化，当时儒学思想繁盛，所以徽州木雕里带有儒学思想的结晶。它最主要的艺术特色是木雕作品的题材以人物为主，所表达的也多为儒家文化。①

不同于其他木雕流派，徽州木雕不挑剔所使用的木材，对木材的名贵性不做特别要求。为显示每种木材具有的天然纹理美而不施漆艺是徽州木雕的又一特色，这样的徽州木雕与粉墙黛瓦的徽派建筑之间有机结合，共同构建出"天生丽质难自弃"的独特的徽州文化。从造型上看，徽州木雕栩栩如生、活泼生动，人物形象之间有着夸张的对比，且采用了简练的刀法，具有古拙、朴实的风格特点。到了清代，随着雕刻风格越来越精巧、繁复和缜密，徽州木雕不懈追求精细、完美，似有过分雕琢之赘，能看出其明显削弱了雕刻力度，明代刚劲粗放的气势逐渐消失。

第二节　传统木雕艺术在传统室内设计中的应用

一、传统木雕艺术在传统家具设计中的应用

在传统室内家具设计中，中国木雕工艺的应用十分广泛，如采用透雕、镂雕、浮雕等装饰方式，辅以描金、镶嵌等工艺，打造出具有不同时期风格特点的家具。

（一）唐代家具的木雕装饰

唐代家具在中国家具发展史上占有重要地位。唐代人习惯于侧身斜坐、席地而坐、垂足而坐或者伸足平坐，为适应人们的起居习惯，高低型家具在这一时期并存。此外，在装饰风格上，唐代家具追求华丽的审美趣味，有着姿态多样的装饰形式。

唐代家具木雕装饰主要有以下特点：①有多样化的装饰方式，包括金银平脱金银、镂雕以及嵌螺钿等；②有丰满浑圆的造型，其设计常使用大弧度外向

---

① 黄明：《论徽州木雕的文化内涵》，《大众文艺（学术版）》2008年第10期，第81-82页。

曲线；③有生活化的装饰纹样点缀，其主导装饰纹样不再是动物纹理，而是宝相花、卷草、牡丹花等，表现出了浓厚的生活情趣。

（二）宋代家具的木雕装饰

宋代家具运用了大量具有装饰性的线脚，家具造型因此得以丰富。桌面、椅面下面都有束腰，形式多样。在连接桌面和桌腿的地方装饰有牙条，还有霸王掌、罗锅掌、矮佬，托尼与龟脚等。桌椅四足的端面样式包括圆形的、方形的和马蹄形的。从整体上看，宋代家具风格具有装饰隽秀、造型简洁的特点。

（三）明代家具的木雕装饰

我国家具的发展在明代达到了巅峰，明代家具木雕装饰技术达到了前所未有的水平，是中华民族传统艺术之精髓的体现，这一成就与我国当时雕刻工艺与木工制作工艺一直保持科学的发展息息相关。明代家具指的是在从明代到清代早期这段时期内，以紫檀、红木、花梨、鸡翅、铁力为主要材料制成的具有一定观赏价值的硬木家具。

明代家具具有以下特点：

（1）结构科学，榫卯精密，坚固结实。

（2）金属配件式样玲珑，色泽柔和，起着辅助装饰的作用。

（3）雕刻、线脚处理得当，起着画龙点睛的作用。

（4）精于选材配料，重视木材本身的自然纹理和色泽。

（5）造型大方，比例适度，轮廓简练舒展。

艺术风格独特、制作工艺科学严谨是明代家具的特色。明代家具具有重要的研究价值，讲求"简洁、合度"之美，即形态"简洁"，韵味倾向"雅"。例如，在处理木材时，明代家具重视突出展示木材天然的色泽和纹理，仅使用蜡饰处理，反映了明代文人对雅致、古朴的审美以及对情趣的追求；在设计上，明代家具追求曲线与直线的合理性组合，要求与人体尺度比例相适应，为使用者提供舒适的使用体验；在整体形态上，明代家具偏向圆韵、含蓄、不露锋芒，往往能给人虚实相间、刚柔并济的艺术享受；从结构上看，明代家具的榫卯结构充分展现了中华民族的家具文化艺术。可见，明代家具是中华民族审美观点和文化特色的一种综合反映，是中国传统文化的宝贵财富。

（四）清代家具的木雕装饰

清代家具通常指为皇室服务的"造办处"设计生产的"宫廷"家具，这类家具只用在宫廷之中。宝座及其配套的屏风是宫廷家具的集大成者，如太和殿中摆放的金宝座是由一整块材料制成的，带有脚踏和托泥，其制作结合了浮雕与透雕两种工艺，还做了贴金箔、镶嵌珠宝、髹涂金漆的处理，又将明黄织锦软垫铺在座面上，呈现出气派非凡、金碧辉煌的特点。在雕刻纹样上，清代家具主要使用龙纹，还使用莲花瓣纹、圆纹和云纹等作为修饰。屏风通常为三、五、七屏，使用与宝座配套的纹样。

相对而言，清代家具对木雕的使用更加充分，木雕赋予了清代家具许多内涵：一方面，运用富有吉祥寓意的图案对家具进行传统的雕花，使清代家具具有装饰性特点；另一方面，传统木雕元素的加入使清代家具更具民俗性特点。而明代家具讲究实用和美观，通常不对家具进行繁缛的雕刻，因此明代家具的木雕装饰大多较为清秀。

二、传统木雕艺术在传统室内装修中的应用

从商、周至南北朝前，人们都采用席地而坐的起居方式，以低矮型家具为主，所以室内陈设以席与榻为主，门、窗通常施帘或帷幕，室内装饰比较简单。南北朝已有高型坐具，唐代出现了高型桌、椅、地屏和格子门，同时房屋空间增大，窗可启闭，增加了室内采光。从宋代起，室内布局及陈设艺术都发生了重大变化。宋代《营造法式·卷七·格子门》中记载，"每间分作四扇（如梢间狭促者只分作二扇），如檐额及梁栿下用者或分六扇造，用双腰串（或单腰串造）"，其中"双腰串"即"双腰抹头"，相当于四抹隔扇。在北宋早期，木作已经形成了小木作专业，《营造法式》把门、窗、隔扇、藻井、天花等列入小木作，当小木作逐渐专业化和规格化之后出现了更精美的木雕艺术作品。

小木作行业中的木雕装饰就是中国传统的木装修。清代《工程做法则例》中界定的装修工程的内容包括门窗、隔窗和花窗，并根据其不同的位置和功能将之分成内檐装修与外檐装修。其中，内檐装修就是现代的室内装修，主要涉及天花、炕罩、藻井、天穹罩、几腿罩、隔扇、木雕壁饰、博古架等。鉴于环境的不同，室内装修在用料、雕刻手法、做工上通常比室外装修更加精细，工艺效果更为理想。

中国传统室内装修装饰追求整体组成和整体效果，要求整体与局部之间具有对称和统一的关系，讲究整体的气氛中局部间的相互陪衬和相互烘托的组合运用。以故宫为例，九间合一的太和殿中利用高台、金柱、藻井烘托出庄严、

肃穆、宏伟的大气势布局；后宫三间、五间的精致设计，以似隔非隔、以景借景的设计手法，使人从东向西、从西向东在不同的位置上有着不同的艺术感受和妙不可言的视觉享受。故宫应该说是独具中国特色的装修典范。

（一）藻井

藻井是一种传统建筑中常见的装饰手法，其特点是通过斗拱结构将室内顶部中央升起，形成华盖效果，同时使用纵横井口的趴梁和抹角梁、倒圆井等构件进行装饰。从结构上看，藻井由纵横井口的抹角梁和趴梁组合而成，是一种四面度八方、八方度圆的倒圆井，井内雕刻有盘龙，龙头下悬，有宝珠悬于龙口下，装饰效果极强。

（二）天花

天花种类主要包括内外井口的海墁天花和井口天花。海墁天花由吊挂构件和木顶隔组成，常用于一般建筑中。木顶隔由棂子、抹头和山边框组成，与棂条窗的形状相似。井口天花由帽儿梁、天花板和支条等组成，在天花中属最高形制。

（三）隔窗

隔窗由扇心、绦环板、立柱和裙板组成。其中，扇心上部通常由内外两层透光的棂条花窗组成，外层固定在外框上，内层有用活销装配的活屉，可拆卸，行内称之为"两面夹纱"；扇心下部为裙板。立柱是隔扇的骨架，也叫大边。

（四）天穹罩、几腿罩

1. 天穹罩

天穹罩是指装在边框中形似楣子的木雕装饰，由槛框、花牙子等组成。

2. 几腿罩

几腿罩是由两横（上槛、挂空槛）、两竖（抱框）、四根边框和几根竖料组成的框架，中间安棂花格，下面装花牙子。几腿罩因整体形状呈两根（抱框）腿子的几案式框架而得名。

（五）栏杆罩、落地罩

1. 栏杆罩

栏杆罩由槛框、大小木雕花罩和栏杆组成。整体框架是由两根抱框和两根立框组成的。两根立框中间形成通道，通道两侧用栏杆装饰。

2.落地罩

落地罩造型多样，基本可分为边框、圆光、八角等式样。安装在进深方向柱间，挂空槛下的木雕或隔窗，顺抱框延伸，地面与木雕，隔扇间装修须弥座。

（六）炕罩、隔扇

1.炕罩

炕罩形式与落地罩相同，只是安装位置不同。落地罩是安装在柱间中梁下，炕罩一般安装在房间横向靠近后檐墙的床前。

2.碧纱橱

碧纱橱是一种中国传统的装饰家具，起源于清代。它的主要材料是木材和碧玉，橱门和侧面都采用半透明的碧玉制成，故得名"碧纱橱"。碧纱橱通常用于存放名贵的餐具、玉器、书画等贵重物品，作为家居装饰品也具有一定的收藏价值。

（七）博古架、太师壁

1.博古架

博古架是一种传统的家居陈设家具，也被称为"多宝格"。它通常由多层架板、抽屉和橱门等组成，可以用来存放古玩、玉器、字画、书籍等物品，也可作为室内隔断和装饰品。博古架在中国传统家具中占据着重要地位，因其既有实用价值，又有装饰性和观赏性，被广泛地应用于家居装饰中。

2.太师壁

太师壁是建筑布局的重要组成部分，在南方地区较为多见。南方地区在建造房屋建筑时，厅堂（也叫名堂）全在北房，一般不建南房。从厅堂进入后堂，需要经过位于金柱与后檐之间的壁面两侧的小门。壁面中间设有由若干棂条或隔扇拼成的花纹，有的壁面是用素板壁装修的，这种做法形成了中间分隔、人走在两侧的格局，与北方使用博古架在两侧分隔空间、中间走人的做法正好相反。

在现代室内装饰设计中应用中国传统木雕时应对现代人的需求观念和环境变化进行综合考虑。如今的中式装修，是在现代环境的基础上，利用传统装饰装修元素对室内空间做出的中式艺术风格处理，这种处理方式从本质上看是仿古，而非复古。仿古就是将传统符号运用于现代装修之中，采用古为今用的处理方式。而以木雕为传统设计元素，将其应用于室内装修之中，不仅会受用途、场地等条件的约束，还要满足现代设施的要求，如水暖、通风和照明等，达到符合现代审美观的视觉效果等。总而言之，这种做法需要的是中式的现代感，而不是古代风范，即通过对传统木雕艺术的合理应用，在现代室内设计中融入传统技艺和传统文化，达到古今结合的艺术效果。

第三节　传统木雕艺术在现代室内设计中的应用

一、传统木雕艺术在现代室内设计中的应用原则

（一）整体统一，富于变化

整体性是室内设计的重要要求，室内设计要求先达到整体的统一，再言细节中的变化，以此使整个室内空间更加舒适和谐。整体统一要求在同一个功能空间中使用图案、色彩、风格整体一致的木雕装饰。因此，木雕在现代室内设计中的应用需要重视整体性原则。例如，在装修装饰客厅空间时，应用在天花、茶几、背景墙、沙发等各处的木雕需遵循整体和谐统一的原则。此外，木雕的应用还要富于变化，这种变化指在保持风格一致的前提下，应用图案、色彩或者构成形式不同的木雕，达到统一与变化的和谐和恰如其分，打造出安详灵动、和谐生动的室内空间环境。

（二）融入现代元素，满足多元需求

风格多样是现代室内设计的一大特色，因而木雕的使用需重视与不同环境的相互匹配。这就要求对木雕的图案、色彩、造型以及构成形式做出综合考量。传统图案的木雕与传统中式风格的室内环境有较高的匹配度，图案时尚简洁的木雕与现代简约风格的室内环境更匹配；具有个性化装饰风格的室内空间更适合使用具有艳丽夸张色彩的木雕。另外，木雕的使用还可以结合当地的民俗风情与地域文化等，共同打造地域风情浓厚的混合型室内空间。设计师可以将现代元素与传统木雕相结合，根据室内风格的需要，利用现代化的新型材料创造出富有文化底蕴、能产生文化共鸣的个性化室内空间。

（三）配合结构，塑造空间

在室内环境设计中，木雕的选择与应用应充分考虑室内环境的特点和结构，并站在人体工程学角度对木雕的宽窄、大小等比例和尺度进行合理、个性化的设计。木雕在室内环境中的应用应充分发挥其本身具有的帷帐、隔断等作用。例如，在划分不同功能的空间时，可在两个具有不同功能的相邻空间环境中应用木雕，以此达到环境整体风格统一的效果；还可以根据木雕与墙体结构的关系，将木雕与墙柱结合使用，或将之放置在房梁与地面之间，作为传统的天穿罩或落地罩使用。

（四）发挥创意，扩展应用

在现代室内环境中，木雕的扩展应用能直接影响其艺术生命的延续和未来的发展前景。设计师在使用木雕时应充分发挥创意和想象，将木雕与日常生活有机融合，如拼装镂空工艺的木雕、将木雕组合成各种实用器物等。

（五）延续寓意

无论是古代还是现代，无论经历了多么漫长的时间，无论生活方式发生了怎样的变革，人们始终对美好生活充满希冀。因此，在现代室内设计中，吉祥文化的表达与传承仍不可缺少。我国传统文化中的很多图案自古传承至今，了解这些图案所蕴含的深层寓意的工匠们对这些图案反复描摹，不厌其烦。这些图案是人们渴望和追求美好生活的一种外在表现形式。人们喜爱这些图案正是因为这些图案传达的美好寓意，因此，使用带有这些图案的木雕进行室内设计时，应注重其内涵意义的延伸，不要破坏或歪曲木雕传达的美好寓意。

传统装饰纹样因人们对其寓意的喜爱而得以传承和延续，并随着人类社会文化生活的变革，衍生出更加丰富的表现样式。例如，传统装饰纹样凤纹产生于远古时期，这一时期人们对自然规律知之甚少，误以为太阳是因为鸟鸣才出来的，因此早期的很多传说都将鸟视作太阳的管理者。此外，《拾遗记》中亦云："炎帝时有丹雀衔九穗禾，其坠地者，帝乃拾之，以植于田，食者老而不死。"原始人因为这些关于鸟的传说，开始崇拜鸟，从而出现了鸟纹图腾，有了鸟纹、朱雀纹、凤纹的衍变轨迹。但是，不管传统图案外形怎么衍变，其背后的意义却是一成不变的。所以，人们在运用传统木雕的时候要注意保留、传承其图案的寓意，不能一味地只加入现代元素而完全抛弃了传统的东西。

（六）传承文化精髓

传统木雕的传承应注重木雕纹样图案与其寓意和精神内涵的并重发展和延续，这才是我们借鉴传统文化深化现代设计的意义和重点所在。设计不能只停留在物化的表面，而要向着更高层次升华，深入传统文化领域与民族精神领域，探寻传统文化的精髓。

如今，现代室内设计风格不断发展和快速变化，这要求设计师对传统艺术的文化精髓有深刻的领悟，再将领悟到的内容与各种现代艺术设计思潮相融合，从中找出现代设计与传统文化的交汇点和切入点，兼收并蓄、融会贯通，从而探寻出新的现代设计方法，打造出与适应现代社会发展、能被中华民族乃至国际社会认同的艺术形式。

二、传统木雕艺术在现代室内设计中的应用方法

（一）借鉴木雕的文化内涵

空气与木质交融的结果造就了传统木雕的时光痕迹，这是随着时光的自然推移慢慢形成的，前人生活的气息和印记凝结在每一处木质上，默默地展示着文化的积淀，这些细节为设计师提供了巨大的想象空间。对现代生活环境与木纹沧桑的木雕进行合理的搭配，能产生出人意料的视觉效果。中国传统文化深刻渗透在传统木雕图案中，使其具有丰富的内涵。这些图案反映了人们自古以来对幸福生活、子孙繁衍、婚姻美满、万事如意、健康长寿的希冀与祝愿。传统木雕艺术是对生活本质的再现，它通过强大的艺术感染力及本身的艺术形象展示着中华民族的传统美德，使人们在感受传统文化的魅力和体验艺术的同时，受到陶冶与警醒。作为民族文化的一种表现形式，传统木雕能体现出中国人民特有的审美趣味和文化精神，体现出中华民族对至真、至善和至美精神的不懈追求。①

不同历史时期的木雕艺人留下了不同的作品，每件木雕作品都隐藏着其特定的历史信息，具有丰富的题材和表现形式。传统木雕大多以民间生活内容为装饰题材，通常分为戏曲人物、吉祥图案、民俗风情、故事传说以及花鸟山水等几大类。雕刻题材因用途不同而各异，但都以中华民族传统美德为核心，包括诚信知报、修己慎独、勤俭廉政、精忠爱国、仁爱孝悌、勇毅力行、克己奉

---

① 李翔宇：《浅谈中国木雕与现代室内设计》，《长沙民政职业技术学院学报》2010年第4期，第143-144页。

公等。木雕艺人通过木雕形象反映这些价值观、道德观和人生观，使木雕艺术成为一种重要的中华民族传统文化传承和表现的手段。

木雕的题材主要表现在以下几个方面。

1.道德伦理文化

在漫长的发展历史中，中华民族形成了底蕴丰厚的道德伦理文化，从中滋生了我国的传统艺术，其中就包括木雕艺术。木雕作品通过不同的装饰手法和表现形式弘扬传统道德伦理文化，反映人民对美好生活的向往。利用汉字中同音字的特点，这方面的题材被木雕工匠们巧妙地表现出来。例如，"五蝠捧寿"图案就利用了"蝠"与"福"同音的特点，精心雕刻了五只蝙蝠，共同簇拥一个大大的"寿"字，表示对福寿安康的祝愿；再如，商家常用的"一本万利"图案将主题设计成一大串葡萄，葡萄可用"棵"也可用"本"，用"万"字概括葡萄的多，还利用了"粒"与"利"同音的特点，寓意生意兴隆、财源滚滚。另外，一些动物图案如鱼、鹿、鹊等也能表达人们对美好生活的期待，如"鱼"同音"余"，寓意年年有余；"鹿"同音"禄"，寓意厚禄。[1]

2.图案隐喻

传统木雕还常用生物的某些生态特征表示对崇高品行与情操的赞颂。例如，以"岁寒三友"或"梅兰竹菊"等图案为主题的传统木雕隐喻人的品行崇高、情操高尚。其中，"竹"因有"节"，可用来比喻人有"气节"；松、梅因为其耐寒的品质，寓意人应具有不怕困难、不畏强暴的品格；将"平升三节""必定如意""马上封侯"等带有美好寓意的花板挂在书房内，再适当搭配几幅水墨字画，即可以体现读书人的书卷气息，又能寄托文人雅士对未来前程的希冀。木雕具有锋芒隐而不露、厚重朴实的风格特点，与文人雅士的中庸之道相符合。

3."孝道"

在我国传统伦理道德观中，"孝道"占据着相当重要的地位。《孟子·离娄上》有言："不孝有三，无后为大。"儿孙满堂、多子多福这一传统家庭道德观在我国延续了数千年，人们常常向神灵倾诉和寄托自己的这一愿望，因此热衷于将龙、凤等寓意吉祥的神奇生物缩影为装饰题材用于室内设计中。例如，根据徽州乡村人的传统婚礼习俗，新娘常选用制作精美的"花床"、衣橱等为陪

---

[1] 吕九芳、徐永吉：《中国古典家具吉祥图案》，《装饰》2005 年第 10 期，第 59-60 页。

嫁，以此点缀洞房花烛；新房的家具表面多使用"麒麟送子""龙凤呈祥""百年好合"等图案来装饰，用"鸳鸯"寓意"夫妻恩爱"，用"石榴"象征"多子多孙"。吉祥图案来自生活，而又高于生活，代表着人们心中对生活的美好愿景，是人们对平安吉祥等的美好祈愿。所以，吉祥图案是木雕艺术创作的重要内容，它不仅能为使用者创造较大的想象空间，还能对其行为与思想产生直接、积极的影响。

4. 人物、山水、故事

选用人物、山水、故事为题材，宣扬对祖国、家乡、人民的热爱与忠诚，是千百年来中华传统美德的核心内容，爱国主义更是体现了千百年来人民对祖国的深厚感情。自孔孟以来，人们提倡"舍生取义""杀身成仁"的奉献精神，主张自身的尊严与原则不可为保存生命而放弃。无数中华儿女受这种精神的鼓舞，在国家民族存亡之际不畏牺牲，从容就义，慷慨捐躯。中华大地深深根植着伟大的爱国主义思想，它为强大的精神力量提供了不竭的源泉。鉴于爱国主义精神对中华民族的重要性，这一主题也成为木雕艺术创作的重要题材，人们将很多爱国主题的历史故事刻画在木雕图案中，如《岳家将》《罗家将》《苏武牧羊》《杨家将》等，这些爱国主题的历史故事让中华儿女铭记于心的同时，也激励着中华儿女奋发向上。

木雕艺人以山水名胜为素材，通过直接或间接地使用它们来表达自身对祖国大好河山的由衷赞美与深深依恋，他们将自身对灵秀俊美的山川草木的直接感受升华为一种深沉、庄重的感情，在作品中一笔一笔地刻画着养育自己的故土和对家园的眷恋。

木雕能影响环境空间给人的视觉效应，加深人对环境空间的印象，同时具有美化环境空间的作用。室内空间可以有多种风格，如传统风格、古典风格、乡村风格、现代风格等，合理选择木雕装饰室内环境能有效强化室内环境风格。由于木雕作品自身的质感、色彩、造型、图案具有一定的风格特征，所以木雕作品可用于强调和凸显室内环境的风格。

（二）运用木雕作为装饰元素

在室内环境装饰中，使用合适的木雕艺术作品能赋予空间一定的内涵意义，营造一定的艺术氛围。每一件木雕作品都具有一定的装饰性和艺术性，单独看待木雕作品时，艺术性特点、艺术家的思想表达是其主要表现内容；而如果以室内环境为衬托，木雕作品则能表现出较强的装饰性。

经过漫长的历史凝练，中国木雕艺术逐步发展，形成了各具特色的纹饰与图案，它们各具经典文化内涵，主要包括动物、植物、人物、几何符号、图腾等形式在内的图像，还涉及多个流传广泛的人物、典故、景物、成语以及约定俗成的事物及其组合。以这些纹样、图案、图腾等为主要内容的传统文化符号兼具比喻意义和象征内涵，它们饱经岁月的洗礼，生命力强，且具有浓厚的历史凝重感。由于这些木雕的文化符号有完美结合的内涵和形式，我们应将之与现代设计语言完美融合，利用新的设计语言实现对其的重现和诠释。这些文化符号在当今仍具有积极、实用的内涵意义，以这些文化符号为装饰元素，能为室内环境营造和烘托出良好的文化氛围，主要有以下几种运用手法。

1. 概括简化

概括简化是变化传统木雕装饰图案的基本办法。概括简化即对复杂的图案做出简化处理并归纳，在保留图案原有装饰效果的同时使图案更加大方简练，同时注重对图案本身韵味与精髓的提取与凝练，将图案基本的形式特征凸显出来。例如，在简化木雕的花纹时，要将其纹样的基本结构、形态保留下来，对花纹复杂的细节部分进行简化处理，将之概括成具有几何美感的图案。这样做的目的是使传统木雕具有现代美、保留装饰美，将传统木雕与现代设计简洁明了的设计理念充分结合，实现木雕与现代室内设计的完美融合。

2. 几何重构

几何重构是指对传统木雕的装饰元素进行变化、整理、归纳，总结其特点，对构件的外形、细节等部位进行抽象的概括处理，并根据构成原理将其打破再重新构图组合，形成新的具有简洁明快的现代美的几何图案。因为中国传统木雕的装饰纹样大多都比较复杂，所以我们要利用这种方法促使新纹样的产生，以便推广木雕的应用。

3. 美化夸张

美化夸张的方法包括局部美化夸张、整体美化夸张以及动态美化夸张等。局部美化夸张指依据设计理念对能代表图案特征的部分的结构与比例做出重点改变，以达到强化设计主题和现代设计效果的目的。整体美化夸张指以整体的图案为出发点，重点强调图案的整体特征。美化夸张着重夸大和突出显示传统木雕图案纹样的显著特征，改变其原本自然的比例概念，强化原有形象活泼、鲜明、典型的属性特点，以达到更好的艺术表现效果。

4. 抽象变形

我国古人很早就使用了抽象变形手法,如拐子纹、回纹就是前人使用这一手法创造出来的纹样。拐子纹是抽象变化的龙纹,在古代,只有皇族才有资格在用品的装饰上使用龙纹;平常百姓对龙也有深刻的崇拜,于是对龙纹进行了抽象变形的处理,将之变化成拐子纹。借鉴这种创作思路,我们可以利用现代几何手法梳理传统图案纹样。例如,使用直线或者曲线抽象处理装饰纹样的外形,再以几何图案加以概括,这就是抽象变形的主要手法。从实质上看,抽象变形类似于几何重构,但前者只是对图案进行简化处理,而后者则要求重新构图。

5. 引入现代图案

传统木雕具有丰富多彩的图案题材,这些题材大多源自古代传说和神话故事,以及一部分传统吉祥纹样,要想实现木雕与现代设计的完美融合,就要找出既具有传统精髓和寓意,又符合现代设计的题材。因此在现代,木雕的雕刻题材应以国内各类传统题材为中心,不断向外扩展,在世界经济一体化的背景下,向其中引入现代流行的简约图案和西方经典故事题材,为传统木雕艺术注入新鲜血液。

(三)体现富有文化内涵的室内木雕陈设艺术

陈设艺术是现代室内设计中的一个重要环节,陈设艺术的点缀对于一个优质的室内设计而言必不可少,陈设品中的工艺品具有很强的装饰作用。在室内摆设适合的木雕工艺品有助于美化室内环境和陶冶居住者的情操。自古以来,陈设艺术一直在人们的生活中扮演着重要角色,其文化特征、形式及质感能够传递人与空间的某种情感。中国传统的陈设风格具有强烈的东方特色,蕴含着典雅庄严的气度和潇洒飘逸的气韵。作为中国陈设艺术的重要内容,传统木雕内涵丰富,处处渗透着中国传统文化。自古以来,人们常常借助雕刻图案将自己对生活的希冀和对未来的美好愿景表达出来,作为民族文化的一种表现形式,传统木雕反映了中国人民特有的审美趣味与文化精神,体现了中华民族对至真、至善、至美精神的不懈追求,这正是现代室内设计陈设艺术所需要的。

在现代室内设计中,室内木雕陈设艺术的作用主要为创造环境意境、烘托室内气氛、丰富空间层次、调节空间环境色彩、柔化空间、强化室内环境风格、创造二次空间、反映民族特色等。在室内灵活运用木雕陈设艺术,可通过对空间环境进行再现、提炼和点睛处理，传递其可延续的、深层次的内涵。中国传统木雕工艺品具有造型优美、格调高雅、文化内涵丰富等特点，陈设于室内能陶冶人的情操，使人怡情悦目。

在现代室内装饰中，传统木雕艺术具有良好的隔断作用。木雕作品自身具备一定的艺术感染力，可用作窗扇、电视背景墙或屏风，产生良好的艺术效果。同时，木雕本身雕刻工艺精湛且内涵丰富，将之用于室内装饰装修，可为室内空间增添无限生机。中国传统文化亲和自然、顺应自然、崇尚自然，在设计室内空间时，设计师可以融入这种亲切纯朴的自然情怀，尽可能向内部空间渗透自然要素，为室内环境打造完整、精巧、和谐的景观体系，营造人与自然和谐统一的美好气氛，再利用木雕门、挂落、花窗等装饰构件打造半开敞和开敞的空间，借用室外景观烘托室内环境。中国传统室内陈设设计追求对某些特定意境和情感的表达，追求传情达意的境界。中国传统木雕蕴含着深厚的中华民族文化底蕴，在室内设计中运用再合适不过。

三、传统木雕艺术在现代室内设计中的应用形式

（一）在室内公共空间的应用

室内公共空间包括客厅、餐厅，它们是家庭的活动中心。由于客厅、餐厅是一家人沟通感情、交流思想的重要场所，是展示家庭形象、空间主人品位的载体，同时客厅、餐厅的功能性决定了它们是迎来送往、接客待物的重要场所，所以它们是整个室内设计的重点。

运用不同的材料、手段、方法，通过再加工、变形等处理手段，可将传统木雕处理成兼具美化与装饰性作用的室内设计元素。在进行现代室内设计时，人们习惯于将餐厅与客厅作为一个整体来设计，但这两个空间具有不同的功能，因此需要使用隔断来区分功能区，这就可以使用一些传统构件如天穹罩、木雕花板、落地罩等，根据餐厅与客厅的不同功能进行合理的空间划分。这样做不仅打破了空间的单调性，还增强了室内环境的美观性。

在室内设计中，传统木雕装饰通常在中式风格的居室中出现。例如在客厅的装饰装修上，可使用一些传统木雕如屏风、隔扇以及碧纱橱等作为沙发背景墙或者电视背景墙，天花吊顶搭配大片的格栅形式木雕花窗或者木雕花板等，再在地面上搭配中式仿古砖或复古风格的仿古地砖装饰，这样就能完成中式风格客厅中对三大立面的设计。此外，还可以在客厅空间内摆放造型精良、工艺

讲究的传统木雕工艺品陈设品或者传统中式家具，这样就能打造出典雅庄严的传统中式风格的客厅空间。在现代室内设计中，传统木雕的应用要重视雕刻题材与雕刻技艺的一致性，否则风格的不统一会对传统木雕在现代室内设计中的应用造成不良影响。

（二）在室内实用性空间的应用

室内实用性空间主要指能满足人们沟通情感、休息等各种日常生活需要的场所，如厨房、卧室、卫生间等。在整个室内环境中，厨房的使用率较高，它的内部包含各种各样的生活用具和设备。除实用性外，设计师在设计厨房空间时，还应考虑其使用性和便捷性，使厨房空间能同时满足使用和装饰两个方面的要求，为使用者带来便捷的体验。同理，卫生间的设计也应以满足人的使用需求为基础和前提，为人们创造便捷、舒适的生活环境。

厨房与卫生间是室内家居环境中较注重良好通风、便于清洁以及使用功能的环境。因此，在这种环境中使用传统木雕进行装饰不同于传统木雕在餐厅、客厅、卧室、公共空间等环境中的使用和装饰。由于木材具有粘油烟不易清理、见水易腐蚀性等特点，木制家具和木饰不适合大规模地使用在厨房和卫生间等环境中，但是可以小范围、小面积地使用在其中一些细节的地方。例如，可使用木雕花板装饰卫生间洗手台的下面。然而，随着科技的发展和不断进步，由多种材料制成的复合木板如今得到了广泛应用，加入了金属元素、亚克力的木板材料不仅物理性质有了质的提升，在使用过程中还能发挥良好的装饰作用。

（三）在室内私密性空间的应用

室内私密性空间指的是个体使用者生活的空间，私密性比较强，这类空间主要有书房、卧室等。在设计私密性空间时，应以把握空间意境为重点，因为个人空间是使用者最具心灵归属感的空间。

人在一生中会在睡眠中度过 1/3 的时间，因此，人们往往非常重视卧室的设计和使用。在设计现代卧室时，可利用木雕花板来隔断不同功能的空间，以此增强空间的私密性，还能在一定程度上遮挡衣帽间或者壁橱，起到美化室内环境的作用。在卧室的设计上，应营造易于使用者休息和睡眠的环境氛围，可在顶棚或背景墙上装饰经过简化处理的传统木雕，用来隔断床铺与衣帽间或衣柜，营造出温馨的卧室氛围。

上网浏览、看书学习已成为现代家庭生活的日常，人们对现代书房具有多方面的功能需求，包括上网、读书、休闲娱乐等，所以现代书房应以人的需求为切入点进行设计。在设计书房时，可使用极具特色的木雕来装饰书房环境，强化书房的文化气息，同时彰显主人的品位。

四、传统木雕艺术在现代室内设计中的应用实例

（一）案例一

芜湖陆河村茶馆的室内装修装饰是由安徽设计师杨林主持设计的，能表现出浓郁的地方特色。该茶馆的室内装潢，选用了大量的徽州木雕构件作为重点装饰元素，可以使人在品茶的过程中，受到徽州文化的熏陶与感染。木雕在茶馆中并非是按照传统的位置与方式来应用的，具有较强的创造性。例如，座位之间选用了有大片雕花的窗花和几罩作为隔断，强化了整体空间的亲和感，兼具功能性和装饰性；茶馆内运用了大量的雀替处理一些细部，顶棚雕花板的使用使茶馆形成了浓郁的文化氛围。由于木雕作品的材料都为木质，色调也相对较为幽暗，为了使茶馆室内环境的色调更加柔和，设计师采用各种仿古灯与大红灯笼搭配悬挂，以渲染出喜庆热闹的氛围。

作为室内的设计元素，一方面，木雕能有效增强室内空间的文化底蕴，因为木雕作品本身含有寓意、祈愿的意味，能表达更深层次的文化内涵，增强室内空间环境的传统审美效果和艺术特色；另一方面，木雕作为装饰品时还具有美化室内环境的作用，将木雕单独摆设出来作为装饰品既可以成为设计中的重点、亮点，又可以作为一种设计元素贯穿整个室内设计。自古以来，木雕作为一种传统文化形式，一直具有深刻的文化内涵和极高的鉴赏价值，使用木雕装饰室内空间，能有效增强室内空间的艺术氛围。

（二）案例二

浙江设计师陈耀光对某酒店进行了室内设计，他根据酒店的位置，基于杭州城自身的古貌遗风与其所处环境中的传统风情，将设计题材设定为带有民俗意味的元素。陈耀光通过设计告诉人们，在应用传统木雕时，一定不能更改其包含的传统意义与文化内涵，在此前提下，结合一些现代的设计材料与设计手法，就能够做出传统与现代、简洁与复杂完美融合的设计。

该酒店的室内设计中虽没有用到挂落、斗拱以及传统建筑中常见的雕梁画栋，但却能展现出浓郁的东方气韵。该酒店采用了红色方体的书法和印章等对其墙面进行了设计处理，以"福""禄""禧""寿"为主题的墙面作为装饰的

构成符号，通过现代的排列组合方式对传统的内容进行排列，充分体现了设计师所具有的深厚的文化底蕴。设计师在顶棚上使用整体的深色木雕花板配以同色系的木制梁柱，使整个空间的色调更加统一、和谐。传统木雕的应用重点在于墙面的镂空窗花、墙面上的吉祥字画和传统的陈设品，它们与现代设计中的地毯、天花、射灯相映成趣。

以上两个实例对木雕在现代室内设计中的应用做出了相关论证，在室内空间中应用木雕来装饰可看作一种具有代表性的传统文化表现方式，这种做法能够突出室内空间的文化氛围。无论是古代还是现代，木雕作品所蕴含的文化内涵一直是不变的，它能将人们对美好生活的向往和对艺术的美好追求很好地反映出来，是人与大自然沟通的桥梁。

在艺术设计中，任何具有创造性的技巧或者形式都不是凭空产生的，它们的产生基于对艺术原型的认识和深入理解，形成于对艺术原型的改进或重新组合。优秀的设计作品往往不仅外在形式简单美丽，更蕴含着深刻的文化内涵，设计师应对当地文化与自己需要的创作元素之间关系进行认真考察，找出两者之间的最佳融合点，以此促进自身设计风格的形成。在运用传统艺术时，设计师应着重把握事物的本质特征，并运用延伸的形式对其进行提炼与概括，而非简单地照搬。

参考文献

[1] 谢舰锋、姚志奇：《室内设计原理》，武汉大学出版社 2019 年版。

[2] 李劲江、徐姝：《居住空间设计》，华中科技大学出版社 2017 年版。

[3] 宋国文：《思维风暴 引领读者在思维的逆转中寻找突破》，团结出版社 2018 年版。

[4] 张金红、李广：《光环境设计》，北京理工大学出版社 2009 年版。

[5] 叶柏风、赵丕成：《木雕》，上海科技教育出版社 2006 年版。

[6] 张建珍：《元青花对现代陶瓷艺术的影响》，《佛山陶瓷》2012 年第 2 期，第 51-54 页。

[7] 卢俊雯：《装饰材料的艺术特征在室内设计中的创新应用研究》，《山东工业技术》2015 年第 19 期。

[8] 杨芳：《浅谈软装饰与室内设计风格的营造》，《山西建筑》2009 年第 9 期。

[9] 葛鲁君：《建筑装饰材料在室内设计中的创新性运用》，《轻工标准与质量》2013 年第 1 期。

[10] 张焘、陈虎：《装饰材料在现代室内设计中的作用》，《商情（教育经济研究）》2008 年第 6 期。

[11] 李永娟、李永慧：《浅谈室内设计风格演变发展与创新》，《大众文艺》2011 年第 17 期。

[12] 张轶、李亚军：《论材料在室内设计中的重要作用》，《艺术与设计（理论）》2008 年第 4 期。

[13] 杨古城：《朱金漆木雕》，《宁波通讯》2013 年第 14 期。

[14] 黄明：《论徽州木雕的文化内涵》，《大众文艺（学术版）》2008 年第 10 期。

[15] 李翔宇：《浅谈中国木雕与现代室内设计》，《长沙民政职业技术学院学报》2010 年第 4 期。

[16] 吕九芳、徐永吉：《中国古典家具吉祥图案》，《装饰》2005 年第 10 期。

[17] 胡锐：《中国传统色彩文化对现代室内设计的传承》，《艺术大观》2022 年第 23 期。

[18] 李焕梅、武益同：《山西传统建筑装饰元素在现代室内设计中的应用》，《丝网印刷》2022 年第 13 期。

[19] 周易：《极简主义对现代室内设计的影响》，《新美域》2022 年第 7 期。

[20] 叶铮：《设计的解剖：从现代性之下的室内设计文化基因说起之三》，《中国勘察设计》2022 年第 5 期。

[21] 王彩凤：《中国画艺术中的色彩美学对现代室内设计的影响分析》，《工业建筑》2022 年第 4 期。

[22] 兰臻：《平面设计元素在现代室内设计中的应用研究》，《中国建筑金属结构》2022 年第 4 期。

[23] 刘梅：《传统建筑装饰与现代室内设计的融合》，《中国建筑装饰装修》2022 年第 7 期。

[24] 陈天虹：《中国传统建筑装饰在现代室内设计中的应用》，《中国建筑装饰装修》2022 年第 7 期。

[25] 张培：《传统木雕艺术在现代室内设计中的应用研究》，《鞋类工艺与设计》2022 年第 6 期。

[26] 刘佳男：《现代室内装饰设计应用传统元素的效果探究》，《轻纺工业与技术》，2021 年第 11 期。

[27] 黎荣华、覃琬淇、习龙：《传统几何纹在现代室内设计中的应用》，《轻纺工业与技术》2021 年第 11 期。

[28] 孙振强：《浅析灯光在现代室内设计中的应用》，《房地产世界》2021 年第 21 期。

[29] 臧慧、庞聪：《中国传统装饰元素在现代室内设计中的运用》，《城市建筑》2021 年第 31 期。

[30] 高英强、孙菁菁：《浅谈中国传统色彩在现代室内设计中的应用》，《西部皮革》2021 年第 18 期。

[31] 沈晓曙：《传统木雕艺术在现代室内设计中的应用探究》，《绿色环保建材》2021 年第 1 期。

[32] 张莉萍：《关于中国传统吉祥纹样在现代室内设计中的运用初探》，《居舍》2020 年第 34 期。

[33] 万陆洋：《传统木雕艺术在现代室内设计中的应用研究》，《居舍》2020 年第 30 期。

[34] 罗皓伟：《传统木雕艺术在现代室内设计中的应用探究》，《现代商贸工业》2020 年第 18 期。

[35] 管梓言：《论现代室内设计中色彩的合理应用研究》，《居舍》2018 年第 29 期。

[36] 余润生：《现代室内设计风格与发展趋势探索》，《产业与科技论坛》2018 年第 16 期。

[37] 蔡晶：《装饰材料在现代室内设计中对人的心理影响》，《建材与装饰》2018 年第 24 期。

[38] 许立、孟梅林：《现代室内设计中传统木雕的价值与运用》，《普洱学院学报》2018 年第 1 期。

[39] 袁树香：《论现代室内设计中的色彩应用》，《大众文艺》2017 年第 24 期。

[40] 王婷婷：《木雕装饰形式在现代室内设计中的应用》，《中共青岛市委党校青岛行政学院学报》2017 年第 6 期。

[41] 卢行行：《传统装饰元素在现代室内设计中的应用》，《民营科技》2017 年第 9 期。

[42] 彭莎、唐琼：《论现代室内设计中屏风的运用研究》，《家具与室内装饰》2017 年第 9 期。

[43] 李志永：《浅析现代室内设计中对中式设计元素的传承和创新》，《美术教育研究》2017 年第 15 期。

[44] 张玮：《木雕艺术与现代室内设计的融合》，《滁州学院学报》2017 年第 4 期。

[45] 龚振芳：《中国传统吉祥纹样在现代室内设计中的运用研究》，《龙岩学院学报》，2017 年第 3 期。

[46] 唐铮铮：《城市夜景观设计研究》，硕士学位论文，湖南大学建筑学院，2006。

[47] 刘寒青：《可持续装饰材料在室内空间设计中应用美学研究》，硕士学位论文，浙江理工大学艺术与设计学院，2012。

[48] 李晓：《从视觉层面研究室内装饰材料的表现与应用》，硕士学位论文，中央美术学院设计学院，2006。

[49] 呼筱：《装饰材料在室内设计中的功能及生态环保研究》，硕士学位论文，青岛理工大学艺术与设计学院，2013。

[50] 徐茹意：《植物编织材料在室内设计中的运用与研究》，硕士学位论文，西安建筑科技大学艺术学院，2016。